# Costco
# 減醣好·食 提案 也OK! 生酮飲食

超人氣精選食譜的分裝、保存、料理100+

- 本書所列品項因產季不同，賣場販售種類而有所不同。
- 本書所列價格為2019年6月調查結果，實際售價以賣場標示為準。
- 本書所列食譜以1人份為基準，營養成分相關數值取小數點第一位，小數點第二位四捨五入。
- 本書所列食譜的總醣份，是碳水化合物減去膳食纖維的所得。
- 本書所列食譜含醣量和熱量，可依個人所需，換算進食的攝取量，一日三餐可自由搭配。
- 本書食譜適合每個家人，大人小孩都適用，成長中的小孩和沒有減醣需求的家庭成員不用控制每餐的份量。

# 在家也能有在法式餐廳吃飯的感覺！

　　從小我就對自己的穿著打扮很有意見，對於美學也都一直很有想法，相對在所有學科中，美術一直是我的強項。然而除了藝術之外，我也很喜歡手作料理，因為自小耳濡目染奶奶及媽媽的好手藝，在高中的時候，烘焙還沒像現在那麼盛行，我就喜歡到家附近的烘焙坊中端看製作甜點的食材與書籍，也在那時買了人生中的第一個電動打蛋機，為了就是要把鮮奶油打發起來。

　　之後大學到了法國留學，在一開始因緣際會的住進法國廚藝學院教授的法國家庭裡，法國爸爸每天都會展現他的好手藝，讓我品嚐到道地的法式佳餚。雖然每天晚餐都要花至少兩小時在飯桌上聽著不懂的語言，但也因為實在很好吃，而且一定會用甜點來收尾。即便和其他同學比起來，晚餐雖然可以快快吃完就去做自己的事，但還是羨慕我每天的伙食都比他們好太多了！因此後來在外住宿時，都是自己打理三餐，外國同學覺得好奇，進而結交到許多不同國家的朋友，也了解到各國不同的飲食文化與風情，對異國料理更是情有獨鍾！

　　我的先生是個很道地的台灣人，好幾年前北非小米（couscous）在台灣還沒有銷售通路時，偶然在異國美食展看到，興奮的買回家煮給他吃，他問我為什麼要把小米粥煮成乾的？儘管我們的飲食習慣與喜好如此不同，他還是非常樂意嘗試，也欣然接受及給予讚美，只是偶爾會有令人噴飯的問題出現如此而已。

　　然而在小孩出生後，隨著年齡與工作忙碌，缺乏運動、中午外食，使得先生的過敏體質更加明顯，也因為孩子有遺傳到先生的過敏體質，所以我更加注重生活飲食。我一直都很希望讓他們吃進身體裡的是「食物」，而不是「食品」，對從小喜歡吃媽媽煮的食物的小孩是容易，但要改變一個已年過三十半幾的人來說，看著他拿著一大包洋芋片而不願意放手時，我就知道要改變還需要些時間。

　　這本食譜融合了一般人的飲食，小朋友也可以吃的食物，以及我自己從低醣飲食晉升到生酮飲食的作菜方式，盡量都使用天然無過多添加物的調味料來烹調食材，目的就是希望能讓家人吃得更健康，以原型食物為原則，讓孩子避免攝取到過多的醣而影響成長發育。

　　料理沒有想像中的難，只要有心，不論是想為家人，或是為自己，你也能像我一樣，不僅吃得更健康，也可讓餐桌料理擁有像在法式餐廳吃飯的感覺！

Rachelle 哈雪了

# 目錄

## Chapter1
## 肉類好食

### 分裝與保存

### 牛肉料理

### 雞肉料理

### 烏骨雞料理

### 火雞料理

## Chapter2
## 海鮮好食

Chapter3

## 煙燻好食

Chapter4

## 蔬菜、水果好食

Chapter5
## 麵包與貝果、起司好食

### 分裝與保存

### 麵包與貝果料理

### 起司料理

Chapter6
## 意想不到好食

# 一個人到一家人的減醣生活

從小我就不愛吃飯，尤其是只要煮得有點軟的飯，我就無法入口，甚至會吐出來。也許是因為對口感上的挑剔，使得我在長大的過程中，一直對飯都興致缺缺，但對精緻澱粉類，像好吃的蛋糕、冰淇淋都無法抗拒！所以我的人生也都稱不上是一看就羨慕的瘦子身材。除了在二十幾歲時的刻意飲食減肥，及無所不用其極的運動下，讓我的體重出現了人生最開心的瘦身巔峰49kg，身高172cm的我，在當時體脂肪BMI也只有14。

然而這好景持續了好幾年，也培養自己轉為不易胖體質，一直到我懷孕時，一切都隨著寶寶的喜好而改變了！一路無止盡開心的吃著，讓我在產前最後一刻站上體重機時，來到了89.5kg一個不可置信的數字。雖然沒有罹患妊娠糖尿病，也在寶寶出生後就降到76kg，而懷孕期間到生產完後，先生還一直跟我說這樣很美，懷孕及產後會胖是正常等話語來蒙蔽我。可是自己面對自身的醜態卻是難以接受，尤其是鄰居一直以為我又懷了第二胎，肥胖讓我長期處於憂鬱狀態，也離自信心越來越遠，使得我的減肥魂又再度燃起！

因為先生和小孩有過敏體質，所以我一直對於料理的添加物與食材的來源很重視，再加上一直出現的食安風波，讓我更重視晚餐一定要在家吃的原則。基本上我在烹調家人的料理時，對於過多添加物及含化學，或反式脂肪的調味料盡量去除外，也盡可能的避免糖的運用。

如果你也想讓自己或家人吃的更健康，想慢慢的實行減醣生活的話，可以試試以下的方法。

- 先試著將平常在料理中的糖捨去，如果真的要使用到糖，可以用冰糖或黑糖取代。

- 調味料盡量選取無添加化學成分、碳水低的調味料使用。很多醬料其實可以自己試著動手做，並不會太難。如果想增添菜色的風味，也可釀製天然的醃製品來變化味道。只要食材新鮮，單純的調味就會很好吃。

- 如果你不太會烹調，試著找一罐含碳量低的調味香料鹽、一罐無糖醬油，做為肉品主食料理的好幫手。

- 不要在家中存放含糖的飲料，每天都以溫水為基本，如果真的很熱也不要喝冰的水，盡量都以放冷的水為主。

- 不要吃過甜的水果，水果的含糖量其實很高，只要蔬菜量攝取足夠，水果並不用天天吃。

- 吃完東西後的30分鐘不要坐著，讓自己去曬曬衣服或洗碗、小孩和先生一起整裡玩具，因為飯後的30分鐘正是減掉體脂肪的關鍵。

- 如果你是一個每天都有甜點胃的人，讓自己從每天減到三天一次，進而減到一個星期一次。

- 不要不吃東西，不吃只會降低基礎代謝率，流失的水份大過於脂肪，為自己設定一個目標，不要天天量體重，但至少一個星期1～2次。

　　我的先生是無法生酮及低醣飲食的人，並不是因為他不想做，而是所處的環境無法實行。我的孩子因為還小，他的飲食需要均衡，我可以幫他挑選及把關醣分的攝取，避免過多的餅乾、糖果、精緻化澱粉類、含醣飲料、洋芋片、油炸品。至於我自己則是在執行低醣飲食時，會將每餐的碳水化合物壓在約20g；進行生酮飲食時，會將一天的碳水化合物壓在10g左右，有時候我也會破酮，也有放縱日，這些都必須取決於你了解自己的身體狀況來執行。目前在實施這樣的循環，我已成功瘦到57kg、BMI 18，但距離我的目標也還有一段距離。我只想說，沒有任何一種飲食方式絕對適合誰，因為那個誰就是你自己，也只有你最了解自己的飲食習慣與體質，試著找出最適合的方式。

　　如果減醣有些困難，那麼就從選好的醣來開始吧！

Q 什麼是減醣？平常吃的糖也是醣嗎？

A 在回答什麼是減醣這件事情之前，先來為大家介紹食物中的營養素，主要分為碳水化合物、蛋白質、脂肪、維生素、礦物質、水分，其中**碳水化合物就是醣類**，醣類又可分為單醣、雙醣、寡醣和多醣。

醣與糖常常讓大家難以區分，簡單的區分方式，**糖是指嚐起來有甜味的醣類**，如葡萄糖、麥芽糖等；葡萄糖是醣類分解後，主要可以被人體細胞吸收用來提供能量的形式，進入人體後也能以肝醣的形式儲存於肌肉和肝臟中，又或者再經由生化途徑轉化成脂肪來儲存能量。

所謂減醣是減飲食當中的醣類，包括醣以及糖，本書中所提到的總醣份，則是碳水化合物扣除不被人體消化吸收的膳食纖維所得的數值，也被稱為淨碳水化合物。

> **總醣份=碳水化合物－膳食纖維**

*Tips*

**進行減醣飲食的醣類選擇來源**

全穀類食物是一群未經精細化加工處理，仍保留完整組成穀物，富含膳食纖維、維生素B群和E、礦物質、不飽和脂肪酸、多酚類、植化素等。全穀類食物也較不會造成血糖大幅度波動，屬於低升糖的食物類別，避免胰島素因為血糖急遽上升，瞬間大量分泌，反而讓血糖值瞬間過度下降，再次產生飢餓感，造成惡性循環。因此**攝取全穀物可改善代謝，有助控制體重**，如糙米、燕麥、黑米、玉米、紅豆、黑芝麻、大豆、大棗、高粱、小米、蕎麥、薏米等。在進行減醣飲食的時候，建議把精製糖的攝取降到最低，盡可能選用全穀雜糧類作為醣類的來源喔！

Q 均衡飲食、減醣飲食（低醣飲食）、生酮飲食有什麼差別？一天的攝取標準分別是多少？

A 依據流行病學統計結果，國民健康署107年新版「每日飲食指南」，對全體國民建議的合宜三大營養素占熱量比例，蛋白質10～20%、脂質20～30%、碳水化合物50～60%，作為每日飲食分配參考。而這個飲食建議，正是均衡飲食的參考範本。根據營養素在每日攝取中的熱量占比，可以分為均衡飲食、減醣飲食（低醣飲食）、生酮飲食等不同的飲食形態。

以總熱量1500大卡推估各飲食中所攝取的醣類，建議均衡飲食一天的醣份為

175.5g～225g；減醣飲食一天的醣份為75g～150g，每日攝取最低不少於50g；生酮飲食一天的醣份為18.75 ～ 37.5g。

| 三大營養素比例 | 均衡飲食 | 減醣飲食（低醣飲食） | 生酮飲食 |
|---|---|---|---|
| 碳水化合物（醣類） | 50～60%（175.5～225g） | ・20～40%（75～150g）<br>・每日醣類攝取最低不少於50g，約13.3% | 5 ～ 10%（18.75～37.5g） |
| 蛋白質 | 20～30%（33.3～50g） | 20～35%（75～131.25g） | 20%（75g） |
| 脂肪 | 20～30%（33.3～50g） | 25～40%（41.67～66.67g） | 75%（125g） |

\*以總熱量1500大卡推估各飲食中所攝取醣類、蛋白質、脂質的重量。
每1g醣類平均產生4大卡、每1g蛋白質平均產生4大卡、每1g脂肪平均產生9大卡。

> **建議一天的總醣份攝取標準**
>
> ・低醣（高蛋白）飲食：總醣份每日少於130g，或是少於26%百分熱量比率。如果想達到瘦身的效果，可把每日的總醣份控制在50～60g之間。
> ・生酮飲食：總醣份每日約25～50g，或是少於10%百分熱量比率。

Q 減醣、生酮飲食的蔬菜和肉類該如何攝取？

A **減醣、生酮飲食中蔬菜與蛋白質的攝取順序非常重要，先蔬菜後肉類。**先攝取蔬菜獲得大量的膳食纖維，可以進一步讓所攝取到的醣類，延緩消化吸收，穩定血糖的波動，避免因為血糖急遽升高，人體急速產生胰島素，引起飢餓感，反而想吃更多東西。飲食中的肉類則是蛋白質主要的提供來源，能增加體力與耐力外，還可作為幫助修復肌肉組織的原料來源。

以健康成年人為例，要維持人體正常的新陳代謝與肌肉細胞發育，每日飲食中需攝取每公斤體重0.8～1.2g的蛋白質，運動者則可以提高到每公斤體重1 ～ 2g的蛋白質。也就是說，1位體重50公斤的成年人，每天適量的蛋白質攝取應控制在40～60g的蛋白質食物，有運動習慣者為50～100g間。

Q 減醣、生酮飲食的油脂該如何攝取？

A 現代人在根深蒂固的觀念影響下，總是逢油色變，擔心油等於脂肪，進入人體後，紮實變成脂肪堆積在身上，其實精緻型澱粉轉化成脂肪囤積的機會比攝取健康油

脂來的高；而脂肪在人體內除了作為熱量儲存之外，還能幫助脂溶性維生素A、D、E以及K的吸收，帶來較長時間的飽足感，所以**只要挑對好的油脂，就不用擔心脂肪對健康的殺傷力。**

脂肪以結構可分為飽和脂肪酸以及不飽和脂肪酸，一般油脂都含有不同比例的脂肪酸，室溫下呈現白色固態，就是飽和脂肪酸比例較高，如：豬油、椰子油；如果室溫下呈現透明液態，就是不飽和脂肪酸比例較高，如：橄欖油、葵花油，而不飽和脂肪酸主要有Omega-9、Omega-6、Omega-3，其中以Omega-3有助於釋放褪黑激素，讓褪黑激素作用減輕焦慮症狀，並且改善睡眠品質，對於幫助紓壓助睡效益大，可以從食物中的鮭魚、堅果、酪梨、黃豆類製品中補充Omega-3，**建議油脂攝取可以選用不飽和脂肪酸比例較高的健康好油！**

Q 進行減醣飲食的時候，澱粉、水果、甜點等含高醣份食物可以吃嗎？

A **進行減醣飲食的時候，所有類型食物都可以吃，只是要注意份量，以及攝取的時間。**澱粉類食物選擇五穀雜糧為優先，如糙米、帶皮地瓜或帶皮馬鈴薯等，盡量安排在早餐或是午餐食用。含高醣份的食物盡量避開安排在同一餐，不然醣份很容易超過控制。水果建議在午餐前食用完畢，甜點通常糖質較高，可以安排在有運動的時候，讓運動幫助消耗喔！營養師建議運動前一個小時補充一些好消化的醣類點心，而運動後可攝取300大卡左右（醣類:蛋白質約3:1或4:1）的輕食，幫助身體修復以及恢復疲勞，飲食計畫聰明搭配運動，更能彈性且開心享受食物！

Q 生酮飲食的食材該如何攝取？

A **生酮飲食主要的能量來源出自於脂肪，所以避免高醣與高糖的食材，容易超過飲食的控管量。**以下是在食用時須注意的食材：

- 含精緻糖：碳酸飲料，例如汽水、各類果汁、奶昔及冰淇淋、糖果、果醬、蜂蜜、楓糖、含糖糕點，避免攝取。

- 全穀雜糧類：白米飯、麵食、水餃、義大利麵、玉米片、麥片、馬鈴薯、甘薯、糙米等，優先選擇優質的非精緻型澱粉作為補充，但要計算好攝取量。

- 水果：除了低醣的酪梨、土芭樂、草莓、藍莓、覆盆子等之外，其他水果皆含有不少比例的醣成份。但是水果含有人體所需要的維生素及礦物質等，能幫助

代謝正常，建議適量攝取水果有益健康，食用前請確認含醣量，以及注意攝取量、盡量挑選低醣的水果。

Q 減醣飲食一日三餐如何搭配才聰明？

A **把握大原則先計算出一日所需總醣量，總醣量三餐的分配比例建議為：早餐:午餐:晚餐 = 3:2:1，讓需要大量能量的白天時段，有充足的醣類作為供應。**

- 豐盛營養的美味早餐：早餐基本組合，全穀雜糧類、優質蛋白質加上水份補給，如：現打蔬果汁或是牛奶，可以提供碳水化合物及水份，搭配新鮮水果補充微量元素，微量元素包括維生素以及礦物質能夠調節細胞機能，利用優質的蛋白質有效提升身體的體溫，讓身體代謝轉趨活絡，例如：水煮蛋、豆腐、乳酪，早餐後也請預留足夠的時間，固定排便習慣，防止發生便秘造成毒素累積的情況喔！

- 健康均衡的活力午餐：經過4小時活動後的午餐，必須補充因活動而代謝的營養，減醣飲食請以多蔬菜、優先搭配魚肉為主軸，豬瘦肉、牛瘦肉為輔，主食部分可以選擇高纖地瓜飯、混入黃豆的黃豆飯、糙米飯、五穀飯，補充膳食纖維、植化素、維生素B群等，飯後適量攝取水果，讓飲食內容豐富多元。

- 維持動力的低負擔晚餐：因為消化需要3～4小時的時間，建議臨睡前3個小時完成晚餐的進食，才不會對於睡眠品質造成影響。如果很晚才吃晚餐，避免油膩又鹹、又辣的重口味食物，會造成消化不良。

- 建議加班的時候，可以準備一些減醣輕食，搭配含有蛋白質、鈣質的乳酪或乳酪片。

Q 食材的醣份與熱量如何計算？

A 要如何知道吃進去的醣份有多少？以及相關的營養成分呢？別擔心！跟著我們step by step，就可以輕鬆查詢食材的營養數據喔。

Step1

進入衛生福利部食品藥物管理署（FDA）網站：https://consumer.fda.gov.tw/index.aspx，內有一個食品藥物消費者專區。

**Step2**

進入整合查詢服務，點選食品。

**Step3**

進入吃的健康，點選食品營養成分資料庫（新版）。

**Step4**

在關鍵字欄位打入要搜尋的食材，在下方樣品名稱打勾，按下搜尋就會出現要查詢的食材。以馬鈴薯為例：

點選馬鈴薯，可以查詢到每100g的含量。總碳水化合物15.8g、膳食纖維1.3g。

總醣份＝總碳水化合物－膳食纖維＝15.8g － 1.3g=14.5g

**Q** 食品包裝上的營養標示怎麼看？

**A**

| 營養標示 | | |
|---|---|---|
| 每一份量170公克 | | |
| 本包裝含3份 | | |
| | 每份 | 每100公克 |
| 熱量 | 360大卡 | 212大卡 |
| 蛋白質 | 9.7公克 | 5.7公克 |
| 脂肪 | 11.4公克 | 6.7公克 |
| 飽和脂肪 | 3.4公克 | 2.0公克 |
| 反式脂肪 | 0.0公克 | 0.0公克 |
| 碳水化合物 | 54.9公克 | 32.3公克 |
| 糖 | 1.5公克 | 0.9公克 |
| 鈉 | 445毫克 | 262毫克 |
| 膳食纖維 | 5.5公克 | 3.2公克 |
| 其他營養素含量 | 毫克<br>公克或微克 | 毫克<br>公克或微克 |

依據衛生福利部食品藥物管理署，食品營養標示的表示方式有左圖，進行減醣飲食或是對飲食有所控制的人，可以看熱量、蛋白質、脂肪、碳水化合物、糖、膳食纖維，利用這些欄位進行簡單的運算，**碳水化合物－膳食纖維＝總醣**，作為減醣飲食中醣類的攝取數值評估。以左圖為例，碳水化合物54.9g－膳食纖維5.5g＝49.4g醣類。**熱量部分需要注意總熱量必須滿足基礎代謝率，盡量選擇糖較低的食物來源。**

**Q** 基礎代謝率是什麼？進行減醣、生酮飲食需要注意嗎？

**A** 基礎代謝率（basal metabolic rate; BMR）是指在正常溫度環境中，人在休息但生理功能正常運作如消化狀態，維持生命所需要消耗的最低能量。基礎代謝率會因年齡的增加而降低或是因為身體肌肉量增加而增加。**進行減醣、生酮飲食一定要滿足基礎代謝率的總熱量需求**，如果低於基礎代謝率，聰明的身體會判斷為遭遇飢荒、糧食匱乏的狀態，啟動身體防禦機制讓基礎代謝率再降低，減少能量的損耗輸出喔！測量基礎代謝率需要禁食，所以後來就以公式計算的基本能量消耗（basal energy expenditure; BEE）取代基礎代謝率，依照不同的體指標有不同的計算方法。以下依照體重、身高、年齡的計算，此推算法常被作為健身的建議。

---

**基礎代謝率公式**

**基礎代謝率男、女有別**

BMR（男）＝（13.7×體重〔公斤〕）＋（5.0×身高〔公分〕）－（6.8×年齡）＋66

BMR（女）＝（9.6×體重〔公斤〕）＋（1.8×身高〔公分〕）－（4.7×年齡）＋655

---

舉例來說，體重60公斤、身高160公分、年齡28歲的辦公室OL

BMR＝（9.6×60）＋（1.8×160）－（4.7×28）＋655＝1387.4

Q 進行減醣飲食時，如何跟家人同桌吃飯？料理該如何準備？

A 減醣飲食主要是份量上的調整，建議依照均衡飲食的比例準備給家人，自己的部分則能減少碳水化合物（醣類）的占比，用蔬菜拉高不足的部分。

Q 減醣、生酮飲食會發生便秘嗎？

A **進行減醣、生酮飲食務必注意蔬菜攝取量要充足**，因為蔬菜含有大量膳食纖維，膳食纖維能夠在腸胃道吸著水分、保留水分，讓糞便柔軟易於排出，也能吸附有毒物質，並且減少有毒物質接觸腸胃道的時間，有效保持腸胃道健康。**在攝取膳食纖維的時候，也要記得多補充水分**，才能發揮膳食纖維保留、吸收水分的最大效益，進而促進腸胃道蠕動，避免便秘的狀況發生。

另外，進行減醣飲食的人常常會因為對油脂的考量，希望少點油脂少點熱量，反而不敢攝取足夠適量的油脂，但是因為油脂具有飽足感及潤滑腸道的效果，所以請務必在飲食計畫內攝取充足，也能讓一些脂溶性維生素順利被人體吸收喔！

而進行生酮飲食的朋友，因為飲食中脂肪比例高，要特別注意維生素與礦物質的均衡攝取，例如維生素C、礦物質鎂等，可以透過補充腸道益生菌、低醣益生質，來促進腸道健康。

Q 減醣、生酮飲食的注意事項

A 生酮飲食起源於癲癇孩童的治療，醫護人員將飲食中的碳水化合物移除後，發現癲癇的孩童不再發作，甚至逐漸可以不需要服藥控制。隨著研究目標的多元進展，生酮飲食逐漸在肥胖、腫瘤、糖尿病、心血管疾病等，看到一些新的發展潛力，但是許多科學證據尚在發展中，還需要時間驗證生酮飲食真正的效益。

在進入生酮之前，人體會由燃燒醣類作能量的模式，轉變為開始燃燒脂肪作為能量，但是轉變之間有一段過渡期，需要隨時測量身體狀況，並且進行紀錄。部分朋友會因為轉換期的模式切換，出現一些不適症狀，包括口臭、疲勞、頻尿、頭暈、血糖驟降、便祕、身體極度渴望攝取碳水化合物、肌肉疼痛、頭痛、腹瀉、放屁、

睡眠品質不好、情緒波動大等。

由於大腦在傳統飲食下是以葡萄糖作為主要能量，以下則是在生酮或低醣的飲食框架下，可能會遇到的狀況：

- 生酮飲食：碳水化合物每日約25 ～ 50g，或是少於10%百分熱量比率，極低占比的碳水化合物，營養注意事項是轉換期間大腦賴以作能量的葡萄糖會不足，部分的人會因此有睡眠的障礙。另外，轉換期間如果攝取過多的咖啡因，會造成低血糖反應，引起身體對碳水化合物的渴望。如果身體開始攝取碳水化合物，就會恢復原狀，但是生酮效應將會被中斷。

- 低醣飲食：碳水化合物每日少於130g，或是少於26％百分熱量比率，相較於生酮飲食風險較低，飲食攝取上需要補充足量水分、膳食纖維，避免便秘發生，以及代謝蛋白質消化後產生的氨，避免累積體內造成健康損害。

Tips

並非每個人都適合進行生酮飲食，如果想要進行生酮飲食及正在進行生酮飲食的人，請務必找專業的醫療人員，作好完整的身體評估，規劃安全且適合自己的生酮飲食。

Q 哪些族群和情況不能減醣、生酮飲食？

A - 特殊營養需求：懷孕及哺乳的婦女，以及成長中的孩童

懷孕及哺乳時期，營養需求除了供應母體本身之外，還需要額外滿足胎兒及哺乳嬰兒，所以不建議進行減醣飲食。成長中的孩童，因為身體需要大量的原料來建構身體組織，提供足夠多元的營養素才能長高及長壯。

- 特殊疾病：糖尿病、腎臟病、心血管疾病

減醣飲食中，因為醣類占比減少，相對蛋白質及脂肪占比會提升，對於有特殊身體狀況的朋友，容易造成消化代謝上的負擔，需要尋求專業醫療人員諮詢，評估後才能進行適合的飲食規劃喔！

# 有效利用Costco食材的方法

　　Costco的大份量食材，只要妥善分裝及保存，不僅能節省荷包，也省去了購買食材的時間喔！購買回家，趁食材都很新鮮的時候，就立即分裝好放進冷凍庫保存。首先，將食材分成「立即料理」及「需要冷凍保存」兩大類。

## 如何處理？

### 立即料理
馬上就會使用到食材，例如今天的晚餐和明天的菜色，就能先放置冷藏室保存，也可先將所需用的肉類料理先醃製好，隔天就能立即使用。

### 需要冷凍保存
在分裝保存的時候，可依個人及家庭一次所需的份量來進行分裝，不僅在料理時更加方便，也能更精準的不浪費食材喔！生食約可保存2～3個星期，熟食大約可保存約1個月的時間。

## 如何分裝保存？

### 分切、分裝成小袋
Costco的大份量食材，買回來最重要的關鍵就是做好分切、分裝的動作。依照每次烹調的用量或家庭成員數來決定分切、分裝的量。

### 調味、加熱
可以將肉類調味讓食材入味，同時也能縮短之後料理的時間。分裝完成後，再放入冷凍保存，不僅味道能慢慢滲入，且肉質也會變軟喔！另可先將煮好的食材，放涼後分裝冷凍保存起來，要食用時只要再加熱即可，非常方便！

### 食材平放保存

食材放入保鮮袋後，將食材壓平排放，不僅能減少退冰的時間，也能更充分利用冷凍空間的使用。

### 袋內空氣要排出

食材壓平後，記得將保鮮袋的空氣排出，這時可使用真空包裝機，或是利用吸管將空氣吸出。

### 保鮮袋上標註食材名稱及保存日期

除了方便確認保鮮袋內食物，也能在保存期限內將食材使用完畢。

### 如何解凍？

需要解凍食材的時候，最好的方式是在前一晚從冷凍庫中將明天所需要使用的食材移至冷藏做低溫解凍。假設忘記或臨時需要使用冷凍的食材，最好的選擇是使用解凍節能板來解凍，才不會造成食材過度出水，影響品質。

如果是熟食或料理包，可直接加熱或以微波加熱，無需解凍。

# 料理常用器具

### 電子秤

需要測量食材時所不可缺少的廚房必需用品，建議可買能測量到0.5g這種類型的電子秤，方便烘焙時所需較精密的公克數。

### 一般用量杯

在料理時可直接清楚看到所需的ML量。

### 烘焙專用量杯

可依照大小所直接提供的ML量使用，烘焙時比較不會手忙腳亂。

### 量匙

本書中所提供的食材量為一般量匙基準，一大匙為15g、一小匙為5g、一茶匙為2.5g，量匙雖不及電子秤來得精準，卻是料理中的好幫手！建議烘焙時使用電子秤較為準確。

### 刀具

由左至右：

- 一般萬用刀，可用來切菜為片、塊、丁或碎狀，是廚房的必備刀款。
- 肉類專用剁刀，可較輕易的將肉或魚分切或剁碎。
- 中小型利刀，可用來分切水果。
- 小削皮刀，可用來削皮或精密處理刀具。

### 擀麵棍、木湯匙

- 除了在烘焙時使用滾　麵皮外，也可利用　麵棍來將裝有食材的密封袋的空氣排出，或是運用在敲碎核果類。
- 基本上廚房裡一定要有一支木湯匙，不論是在製作醬料類，例如果醬、奶醬等都需使用。

### 鋸齒刀

鋸齒刀適用來切開麵包類製品，也可切蛋糕或有果皮類水果。

### 防熱矽膠刷子

購買廚房刷具時，最好購買具有防熱效果的安全矽膠刷具，在料理或烘焙時若食品是熱的，才不會產生刷頭融焦或食安上的疑慮。

### 刨絲器

刨絲器有大小洞口不同等多種選擇，可依照個人慣用購買。

### 削皮器

廚房必備品，使用率百分百，建議購買不鏽鋼材質，使用起來方便又不怕孳生細菌。

### 夾子

廚房必備品之一，不論在料理或煎煮時都是最佳小幫手。

### 烘焙用刮刀

在烘焙時所必須具備的品項之一，可輕易的將食材不浪費的全刮除下來。

### 大小濾網

可購買不同大小細緻度的濾
網，在處理食材上更方便。
大濾網具有固定邊環的，可
用來過濾掉不要的食材水
份；小濾網則是在灑上粉類
時的必需品。

### 不鏽鋼可夾式油炸溫度計

油炸式筆型溫度計最高溫度
可達300度，使用上更安心，
在測試油溫或肉品（例如烤
雞），或是製作醬料、打奶
泡時的溫度都可精準顯示。

### 解凍節能板

如果真的沒時間又需料理食
材時，可利用解凍節能板來
代替泡水快速解凍，能避免
造成食材過度流失保鮮度。

### 廚房砧板

廚房砧板須將生食類與蔬
菜、水果、熟食類都區分開
來，使用起來更安心，也較
不會有異味殘留。

### 沙拉脫水器

在清洗完沙拉需除去多餘水
分的必需品，可避免有多餘
的水份而影響口感，平時也
可拿來做為蔬果瀝水籃。

### 防燙萬用取碗夾

在拿取加熱或蒸煮完的碗盤
時，避免燙手或熱氣造成燙
傷的好幫手。

### 不鏽鋼打蛋器

廚房必備的打蛋器，製作簡易烘焙時不可或缺的攪拌好朋友。

### 手持型電動攪拌器

在製作打發鮮奶油時，或打發蛋的好幫手，也可用來製作濃稠綿密濃湯的器具。

### 升降式攪拌機

可快速打發鮮奶油、蛋等品項，在製作較大量食材時的最佳工具，也可用來打麵糰或攪打肉類製品。

### 不鏽鋼抹刀

在抹取奶油或醬類時能更平順均勻的塗抹於食物上。

### 冷凍密封保鮮袋

能有效的將食材密封於保鮮袋中，在分裝保存食物時更具保鮮及不占冷凍空間的可重複式製品（須清洗乾淨後自然風乾可再利用）。

### 烘焙專業用紙

除了在製作烘焙時會使用到的烘焙紙，也可以使用在吸取油炸品上，或是野餐外帶出門包覆食物的萬用紙。

# 超好用調味料大集合

　　調味料基本上就是在料理食物時所添加進去加強味道的取決品，但其實如果食材新鮮，以現代人更注重飲食健康為原則，更希望能用簡單的調味料來襯托出菜色的風味，而我本身在烹調時也不喜歡用太多添加物的調味品來料理。以下介紹一些書中所使用到的調味料。

### McCormick研磨黑胡椒粒

McCormick 研磨黑胡椒粒的產地為印度，不僅帶有天然的松木氣息，在研磨後更能釋放強烈的黑胡椒香味，是本書中所指的現磨黑胡椒。

### Kirkland Signature科克蘭喜馬拉雅山粉紅鹽

標榜不含任何人工色素及添加物的現磨喜馬拉雅山粉紅鹽，是在本書中所指的現磨玫瑰鹽，在烹煮上都能單純為食材帶來絕佳的風味。請注意本鹽不含碘，而人體是需要碘的來源喔！所以家裡必需要有基本的含碘鹽。

### 第一名店日本香菇醬油露

第一名店所生產的調味料都非常好吃！這款日本香菇醬油露，標榜不含任何防腐劑及人工添加物，所以記得在開封後一定要放置冷藏保存。屬於偏甜的醬油，小孩會很喜歡。

### 第一名店味醂

這是一罐隱藏版的調味料，沒有過多的添加物，風味卻是出奇的天然好滋味，一樣來自第一名店，但是必須碰運氣才能買到。不妨問問在銷售第一名店產品的阿姨，最近是否有進這罐味醂？她總是會先回答我「你內行的喔！」

## 生酮低醣朋友專用醬油

在本書中所提到生酮飲食需更換為無糖醬油的部份，建議可購買這款黑龍無添加薄鹽醬油，雖然目前在Costco無法買到，但在一般中大型超市都可購買，相當方便！

## 日本萬能醋

這款日本萬能醋也是我們家必備的品項之一，打開後要放入冰箱冷藏保存。主要在做醃製小菜時，能直接取代鹽及糖的添加，也能快速讓食材入味，可長時間醃製。

## Daisho日式燒肉醬

Daisho日式燒肉醬可是CP值相當高的燒肉醬，絕對是物超所值！裡面含有大蒜、洋蔥、芝麻油、蘋果來添加香氣，不妨試試與日本香菇醬油露1:1來做為燒烤醬，風味更好！

## Kirkland Signature科克蘭摩地納香醋

這款摩地納香醋是Modena生產，也是ABM IGP等級，以巴薩米克醋來說，Costco這款商品CP值相當高，因為越好越陳年的巴薩米克醋非常昂貴。本書中有大量使用巴薩米克醋。

## 赤藻糖醇

生酮專業用糖，目前尚未能在Costco購買，可於有機店或網路購買。
Zarotti Anchovies Fillets鯷魚

由葵花油及鹽醃製而成的鰻魚調味料，也是我們家冰箱會有的調味料之一。由於不含任何糖及碳水化合物，是進行生酮及低醣飲食的必備調味品。鰻魚本身的鹹度就很足夠了，所以在料理時不需再添加其他的鹽，可用來烹煮時爆香，或料理義大利麵拌在沙拉中的好幫手！但對魚食物過敏者須注意。

### Chosen Foods酪梨油檸檬蒜味沙拉醬

酪梨油檸檬蒜味沙拉醬因為不含糖份，碳水化合物100ML只有3.3，也是生酮及低醣飲食的好朋友。如果單吃或許會覺得有點偏酸，可以試著混合一點瑪斯卡邦來降低酸度，也可增添起司奶香。因為不含防腐劑，所以開封後要放置冰箱冷藏保存。另外，拿來做醃料也是一個好選擇！

### 無糖楓糖漿

生酮專用的無糖楓糖漿，可替代一般食譜配方需要的楓糖漿食材。無糖楓糖漿嚐起來的味道無法像一般楓糖漿如此美味，但若真的需要使用的話，也是一個替代的選擇。

### 蜂蜜代糖

生酮專用的蜂蜜代糖，可替代一般食譜配方需要的蜂蜜食材。蜂蜜代糖的味道嚐起來千萬不要想著和一般龍眼蜂蜜一樣可口，有其特殊風味。

Chapter1

# 肉類好食

# 美國嫩肩里肌真空包

　　Costco的肉品幾乎都是1公斤的大份量，對於小家庭來說，常常無法一次購買多項不同商品，這時可購買美國嫩肩里肌真空包，可以分切成一小口的骰子牛，或是牛排、牛肉絲，或是用牛筋來燉湯，分切下來的脂肪也可做成牛油，可滿足多種不同肉品的需求。

 美國嫩肩里肌真空包 **359**元/1kg

## 準備

### 1 擦拭血水

先用廚房餐巾紙擦拭乾淨血水。

### 2 清除脂肪

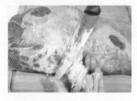

觀察一下脂肪分布的地方，用利刀將脂肪切下。

脂肪其實很好切除，有時拉一下會直接撕下來。

### 3 處理筋膜

再來處理筋膜的部分。

用刀將筋膜切除，左手輔助拉著，順著小心切起。

可以一次將整片筋膜切起。

### ① 切成理想厚度及大小

正反面都處理好脂肪、筋膜後，可以直接切成自己要的厚度。

分切成適當大小。

### ② 分切料理需要的形狀

再來分切成所需要料理的形狀，片狀或絲狀。

順著紋路切成牛肉絲，能保留有嚼勁的口感。

左右為不同肥瘦的牛肉絲，依料理所需使用。

分裝保存

### 依料理需求分類

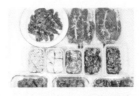

將分切的肉品，依料理需求分類，可使用保鮮袋分裝保存。

也可運用不同的保鮮盒分類保存。

寫上食材名稱和日期，放入冰箱冷凍保存！

2～3週冷凍保存

冷藏低溫解凍或以解凍節能板解凍

Tips

可利用Costco販售的冷凍保鮮袋來儲存，不僅可重複清洗，多次利用也相當方便。但要注意夾鏈保鮮袋不要裝過多的食品，不然容易造成拉頭損壞。

# 美國無骨肩小排真空包

　　真空包裝的美國無骨肩小排，也是提供給大家做分切不同牛肉的一個好選擇！筋膜的部分很適合拿來做燉煮料理；無骨肩小排在去除脂肪及筋膜後，質地與無骨牛小排不分上下，很適合不想花大錢買無骨牛小排燒肉片來作替代！

美國無骨肩小排真空包 **559**元/1kg

準備

## 清除脂肪

Costco販售的美國無骨肩小排真空包，裡面會有兩塊無骨肩小排。

▼

首先觀察脂肪的分布，使用利刀將脂肪取下，再順著肉的紋路做分切。

▼

再從右側將筋膜的部分，順著肉的紋路使用利刀切割下來。

▼

接著將另一塊無骨肩小排不同紋路的筋膜脂肪部分也切割下來。

## 分切料理需要的形狀

接著將肉品切割成自己所需要料理的形狀,例如塊狀、片狀或絲狀。而切割成牛排或較大肉片時,將肉品逆著紋路做切割,肉質會較軟嫩。

處理牛肉絲的最大技巧就是順著紋路切割,才能保持口感及加熱後的外觀。

可以將處理好的牛肉切絲,依照每次料理的份量裝入食物密封袋,並擠出袋子的空氣,寫上食材名稱和日期,平放冰箱冷凍保存。

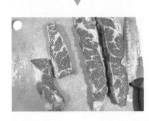

或是切成適當大小的牛小排,使用食物密封袋或保鮮盒分類,寫上食材名稱和日期,平放冰箱冷凍保存。要料理的前一晚移到冷藏區自然低溫解凍。

2～3週冷凍保存　　冷藏低溫解凍或以解凍節能板解凍

# 日式牛小排燒肉蓋飯

簡單又美味的牛小排燒肉蓋飯,是家庭必備的快速料理之一,

濃郁的醬汁搭配熱騰騰的白飯,不僅大人連小朋友都超喜歡的喔!

| 1人份量 375g | ¼份醣份23.4g 總醣份93.5g | ¼份熱量228.8cal 總熱量915.3cal | 膳食纖維 2.6g | 蛋白質 27.4g | 脂肪 45.6g |
| --- | --- | --- | --- | --- | --- |

## 食材(1人份)

白飯200g

無骨牛小排100g

清酒10c.c.

日本味霖1小匙

燒肉醬1大匙

醬油10c.c.

白芝麻10g

薑泥5g

蒜泥5g

食用油1大匙

## 作法

1. 先將白芝麻炒香。

2. 將薑、蒜頭去皮後磨泥備用。

3. 取一小平底鍋將所有調味料倒入,再放入白芝麻、蒜泥、薑泥,一起燒炒一下備用。

4. 取另一平底鍋,將1大匙食用油倒入已熱鍋的鍋裡,接著將肉片平放乾煎。

5. 肉片翻面時,再將備好的調味料平均倒入。

6. 稍微翻動一下肉片,等快要收汁時即可起鍋。

乾煎的牛小排薄片很容易就熟了，所以翻面時要立刻倒入調味料，這樣才能吃到外微焦內嫩
的牛小排蓋飯喔！

# 牛小排燒肉佐蒟蒻米

有吃生酮的朋友們,只需將燒肉醬及醬油換成無添加黑豆蔭油;

飯的部分改為蒟蒻米,即可輕鬆滿足口慾喔!

| 1人份量 | 蒟蒻米 | 總醣份 | 總熱量 | 膳食纖維 | 蛋白質 | 脂肪 |
|---|---|---|---|---|---|---|
| 375g | 200g | 9.7g | 577.3cal | 10.2g | 22.2g | 45.1g |

## 蒟蒻米料理方式

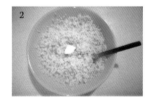

1. 將清洗乾淨的蒟蒻米煮1分鐘,煮好撈起。

2. 取出已煮好的蒟蒻米後,拌入少許奶油增添風味。

*Tips*

市售的蒟蒻米買回來一定要沖水清洗兩次(或以上),不然會有一股腥味!

# 韓式 QQ 骰子牛

在某餐廳吃到韓式QQ骰子牛這道菜覺得很特別！

竟然將年糕、松子與骰子牛搭配在一起。松子的香氣、軟嫩的骰子牛，

再加上QQ的年糕，實在令人難以抗拒的一口接一口呢！

| 1人份量 166.7g | ½份醣份17.6g 總醣份35.1g | ½份熱量224.4cal 總熱量448.8cal | 膳食纖維 1.4g | 蛋白質 17.8g | 脂肪 26.7g |
| --- | --- | --- | --- | --- | --- |

## 食材（3人份）

骰子牛225g

韓國年糕200g

烘烤好的松子50g

日本醬油1大匙（可更改為醬油膏1小匙或普通醬油1小匙）

水1大匙

奶油5g

玫瑰鹽少許

蒜瓣3片（可省略）

## 作法

1. 將鍋子熱鍋後加入少許食用油（食材外），再放入大蒜煎至焦香取出（不吃取香氣）。將骰子牛下熱鍋煎至每面幾乎上微焦色，灑一點玫瑰鹽，煎大約5分鐘。

2. 熄火放上奶油拌炒一下，盛盤靜置。

3. 將切好的韓國年糕（一小條切三等份），下原鍋拌炒一下，加1大匙水及醬油，繼續稍微拌炒至年糕上色。

4. 加入松子及骰子牛一起拌炒即完成。

Tips

煎骰子牛時如同煎牛排一樣，為了產生梅納反應（牛排表面呈現褐色焦黑狀），記得鍋子一定要夠熱，再來務必要盛盤靜置一下，才能讓骰子牛鮮嫩多汁！

生酮
可食

# 骰子牛沙拉

將煎好的骰子牛拿來做成沙拉也很對味呢！

可攝取充足的膳食纖維，兼顧健康與美味！更是生酮朋友們的好選擇！

| 1人份量 235g | 總醣份 18.4g | 總熱量 408.8cal | 膳食纖維 1.4g | 蛋白質 18g | 脂肪 22.6g |
|---|---|---|---|---|---|

## 食材（1人份）

骰子牛100g

奶油5g

玫瑰鹽少許

橄欖油少許

生菜100g

法式油醋醬汁30g（詳細作法請見P266）

## 料理方式

1. 準備好法式油醋醬汁。

2. 熱鍋後放少許橄欖油，將骰子牛四面都煎微焦（依個人喜愛熟度煎3～5分鐘，撒上玫瑰鹽）。

3. 熄火放上奶油拌炒一下，盛盤靜置。

4. 將生菜清洗乾淨並用冰塊水冰鎮5分鐘，再徹底瀝乾。

5. 將feta起司（含盒內油）倒入生菜中拌一下，再放上骰子牛及自己喜愛的蔬菜，淋上法式油醋醬汁即完成。

# 法式黑胡椒牛排

生酮
可食

在吃生酮飲食，有時候也會想變化一下口味！

我喜歡黑胡椒的辛辣感，如果你也喜歡，不妨嚐試看看！

| 1人份量 | ½份醣份12.1g | ½份熱量472.7cal | 膳食纖維 | 蛋白質 | 脂肪 |
|---|---|---|---|---|---|
| 415g | 總醣份24.1g | 總熱量945.4 cal | 1.1g | 52.3g | 68.4g |

## 食材（1人份）

牛排約250g（1公分厚度）

橄欖油1小匙

現磨黑胡椒粒5g

含鹽奶油15g

不甜的白酒40c.c.

鮮奶油100g

## 作法

1. 將橄欖油塗抹在牛排上按摩一下，再將牛排放在黑胡椒上，使其完全附著。

2. 將平底鍋熱鍋，放入奶油並融化。將牛排放入平底鍋內，正反面各煎1分鐘。

3. 將牛排放置於盤中靜置10分鐘，使其肉汁均勻。

4. 在原平底鍋倒入白酒，煮沸並攪拌一下，倒入鮮奶油均勻攪拌至醬汁呈現濃郁感即可。

Tips

如果不習慣吃太生牛排的人，可以在步驟2後放入已預熱烤箱180度10分鐘中，烘烤3 ～ 5分鐘，再取出靜置10分鐘即可。

生酮
可食

# 白蘆筍炒牛肉

蘆筍不僅有鮮美芳香的氣味，更具有人體所必需的各種胺基酸。

白蘆筍在市面上比較難買，所以每次去Costco這一定是我購物車入手的食材喔！

| 1人份量 495g | 總醣份 14.6g | 總熱量 426.2cal | 膳食纖維 7g | 蛋白質 29.7g | 脂肪 26.1g |

## 食材（1人份）

白蘆筍3根

蒜頭2瓣

牛肉絲100g

有鹽奶油10g

玫瑰鹽少許

食用油1大匙

## 作法

1. 取一大碗，將牛肉放入，接著加入1大匙食用油抓醃一下備用。

2. 將洗淨的白蘆筍削皮後斜切，接著將蒜頭切成末。

3. 將奶油及蒜末炒香。

4. 將牛肉絲倒入一起拌炒至半熟。

5. 再將蘆筍下鍋，加入少許的玫瑰鹽一起拌炒至熟即完成。

Tips

Costco的大白蘆筍一定要削皮才好吃鮮甜！用單純的調味才能吃到食材的風味！

生酮
可食

# 蕃茄燉李派林烏斯特醬牛肉

蕃茄燉牛肉是餐桌上常出現的經典料理，這次加了李派林烏斯特醬汁燉煮，

不僅增加風味層次，也能讓牛肉更鮮美！

| 1人份量<br>306.3g | 總醣份<br>12.5g | 總熱量<br>306.5cal | 膳食纖維<br>2.6g | 蛋白質<br>20.9g | 脂肪<br>18.4g |

## 食材（4人份）

牛肉塊或牛肋條400g

洋蔥半顆

剝好的蒜頭10瓣

牛蕃茄4顆

黑胡椒少許

奶油10g

李派林烏斯特醬1大匙

月桂葉2片

## 作法

1. 將牛肉塊（或牛肋條）乾煎至上色出油。

2. 待牛肉表面呈現褐色焦黑後，加入切塊的洋蔥及蒜頭、奶油一起拌炒。

3. 再加入切塊的蕃茄均勻的拌炒至出水狀。

4. 再加入1大匙的李派林烏斯特醬、少許黑胡椒、月桂葉一起悶煮約40分鐘。

5. 悶煮的時間中注意全程用小火，並且不時攪動一下，待牛肉軟嫩即可享用。

Tips

這道料理使用的鍋具為燉煮專用的塔吉鍋，也可使用鑄鐵鍋或悶燒鍋。

# 健康蔬菜牛筋湯

生酮
可食

美國嫩煎里肌分切的牛肉會有一大片的筋膜部分，拿來燉煮非常軟嫩又美味！

這道健康的元氣蔬菜牛筋湯，不僅有蔬菜的鮮甜，也僅用鹽巴調味，非常養生！

| 1人份量 666.3g | ½份醣份9.7g 總醣份19.3g | ½份熱量111.1cal 總熱量222.1cal | 膳食纖維 3.4g | 蛋白質 19.4g | 脂肪 7g |
|---|---|---|---|---|---|

## 食材（4人份）

牛筋膜肉300g

洋蔥半顆

蒜頭5瓣

紅蘿蔔半條

馬鈴薯1顆

西洋芹2根

蔥2條

牛蕃茄2顆

薑1塊

月桂葉2片

鹽少許

自製牛油5g（可用食用油取代）

水1500ml

## 作法

1. 將所有蔬菜切成塊狀備用，西洋芹葉切碎為最後裝飾用。

2. 將牛肉放至冷水冷鍋中開火川燙再取出備用。

3. 放入牛油，再將蒜頭及紅蘿蔔炒香。

4. 將洋蔥與月桂葉倒入一起拌炒。

5. 再將蕃茄、馬鈴薯、西洋芹、薑一起倒入鍋內翻炒。

6. 再將牛肉倒入，加入過濾水至1500ml，大火煮至水滾後，撈起雜質，蓋上鍋蓋，小火燉煮約40分鐘即可，起鍋時才加入鹽調味，再放上蔥花裝飾。

Tips

煮湯的過程中都不要加入鹽，最後起鍋時才加鹽調味。先加鹽的話，除了蛋白質不易釋放外，
也會影響湯頭甜度，所以不論烹煮任何湯品，都要最後起鍋才加鹽調味，湯才會好喝！

# 香煎牛排佐巴薩米克醋

生酮
可食

巴薩米克醋的用途非常廣泛，Costco的巴薩米克醋是CP值很高的！

一般除了拿來運用在沙拉的醬汁，它與牛肉及豬肉也十分搭配喔！

## ᴄᴑ 食材（1人份）

美國嫩煎里肌分切出來的牛排
3片300g（約1.5公分厚）

黑胡椒少許

奶油5g

玫瑰鹽少許

巴薩米克醋少許

## ᴄᴑ 作法

1. 將牛排靜置室溫約15分鐘，再將黑胡椒及玫瑰鹽均勻的抹在牛排上，稍微按摩使其入味。

2. 用手掌感受一下鍋子的溫度，確認鍋子已夠熱。

3. 放入少許橄欖油（食材外），再放入牛排。

4. 將牛排兩面煎至自己喜好的熟度。

5. 要將牛排盛盤前放入奶油使其產生焦香。

6. 靜置10分鐘後，即可在牛排上撒上些許巴薩米克醋，搭配沙拉一起享用。

| 1人份量 260g | 總醣份 4.7g | 總熱量 553.2cal | 膳食纖維 0.1g | 蛋白質 50.2g | 脂肪 37.7g |
|---|---|---|---|---|---|

Tips

冷凍後的牛排如果隔天要吃，最好前一晚就放置冷藏，進行低溫解凍。從冷藏室取出的牛排至少放在室溫15～20分鐘，煎好的牛排一定要靜置10～15分鐘，這樣才不會內外溫度不同。靜置這個動作能讓肉汁回復至肉中，切開的時候肉面才會呈現粉紅色。

# 沙茶牛肉絲炒水蓮

水蓮不僅口感甜爽又具有脆度，還含有豐富的膳食纖維及營養素，是CP值很高的蔬菜。

除了搭配牛肉絲快炒外，也可搭配豬肉絲、黑木耳、袖珍菇或百合清炒，風味截然不同！

## 食材（2人份）

牛肉絲100g

醬油15g（生酮飲食請改用無糖醬油）

米酒15g

白胡椒粉⅛茶匙

沙茶5g（生酮飲食請去除沙茶）

醬油膏5g

食用油1大匙

水蓮100g

鹽⅛茶匙

薑5g

大蒜5g

## 作法

1. 將牛肉絲與醬油、白胡椒粉、米酒混合，再放入1大匙食用油一起抓醃備用。

2. 倒入適量的食用油（食材外）至鍋內，將薑爆香。

3. 放入醃製好的牛肉絲大火快炒。

4. 牛肉為半熟狀態時放入醬油膏及沙茶一起拌炒。

5. 放入水蓮、大蒜及鹽，迅速翻炒約30秒即起鍋完成。

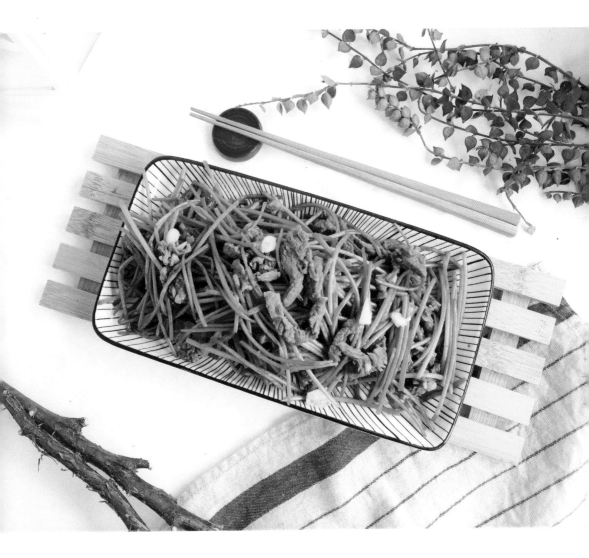

| 1人份量<br>132.5g | 總醣份<br>3.6g | 總熱量<br>179cal | 膳食纖維<br>1.3g | 蛋白質<br>12.9g | 脂肪<br>10.9g |
| --- | --- | --- | --- | --- | --- |

## Tips

水蓮不宜久炒，否則容易變得軟爛，口感與外觀都會比較不佳。

生酮版營養成分

| 1人份量<br>130g | 總醣份<br>3.5g | 總熱量<br>160.8 cal | 膳食纖維<br>1.2g | 蛋白質<br>12.6g | 脂肪<br>9.1g |
| --- | --- | --- | --- | --- | --- |

# 牛油製作方式

美國嫩肩里肌分切出來的牛肉脂肪丟掉其實很可惜，

將分切下來的脂肪製作成天然牛油，不論是炒菜或其他烹調方式都可使用喔！

| 總份量 | 總醣份 | 總熱量 | 膳食纖維 | 蛋白質 | 脂肪 |
|---|---|---|---|---|---|
| 100g | 4.2g | 642.3cal | 0g | 0g | 71.9g |

## 作法

1. 將美國嫩肩里肌分切下來的脂肪仔細清洗乾淨。

2. 將清洗乾淨的脂肪用餐巾紙吸除水分。

3. 將脂肪放入鍋中開大火翻炒一下。

4. 脂肪開始變白時即可蓋上鍋蓋（避免噴油）。

5. 待脂肪變乾變小時，可將脂肪取出。

6. 準備好已消毒的密封瓶，用濾網將油過濾雜質即完成。

Tips

除了可用熱水消毒瓶子外，也可使用烤箱設定溫度為110度，將清洗乾淨的瓶子甩乾水分後，
烘烤10分鐘即消毒完成。

# 雞腿肉、雞胸肉

　　Costco的去骨清雞腿肉及雞清胸肉都是獨立真空包裝，相當乾淨且非常方便！雞腿肉的肉質鮮美又嫩，在料理中是不可或缺的好食材；雞胸肉富含高蛋白質低脂肪，是減肥的好選擇！

台灣去骨清雞腿肉（去腳踝）
**189元/1kg**

台灣雞清胸肉
**165元/1kg**

## 分裝保存

### ① 分片包裝

去骨清雞腿肉及雞清胸肉都是真空包裝，一份真空包裝中會有兩片肉排，可拆開包裝後，用冷凍專用的保鮮袋或真空包裝機個別分裝，在袋上標註食材名稱、日期，放入冰箱冷凍保存，要料理的前一晚移至冷藏區低溫解凍。

### ② 分成小袋

切塊保存

可將雞腿肉、雞胸肉先分切成自己平常料理習慣的適當大小。對於烹調1人份的料理時就非常方便，也不浪費食材。

2～3週冷凍保存　　冷藏低溫解凍或以解凍節能板解凍

切適口大小

將雞腿肉、雞胸肉分切成適口大小,在料理時方便退冰,
更能節省時間。

包裝時記得將空氣擠出,或利用吸管將空氣排出,以利
食材不接觸多餘空氣。在包裝上註明分裝的食材名稱、
日期,讓準備料理時打開冷凍櫃更一目了然。要料理前
一晚移至冷藏區低溫解凍。

**2 ～ 3週冷凍保存**　　**冷藏低溫解凍或
以解凍節能板解凍**

## 美味關鍵

如果是隔天才需料理的肉品,可先放入密封袋中醃製,
送進冰箱冷藏保存,隔天不僅更入味,料理更省時。

去骨的雞腿肉不須燉煮太久,肉質就鮮嫩多汁。雞胸肉
則須控制火候上的部份,盡量挑選不沾鍋較適宜。

# 蜂蜜味噌雞腿排

請用
蜂蜜代糖
生酮
可食

味噌含有特殊風味，質地細緻，有超強排毒功能，是日本主婦的料理必備品。

而這道非常簡單的蜂蜜味噌雞腿排，甜甜鹹鹹的風味，

料理手法容易又快速，美味輕鬆上桌！

| 1人份量 220g | 總醣份 11.8g | 總熱量 501.2cal | 膳食纖維 0.5g | 蛋白質 31.3g | 脂肪 35.8g |
|---|---|---|---|---|---|

## 食材（1人份）

無骨雞腿肉1片（180g）

醬油5g

味噌10g

蜂蜜10g（生酮飲食請改用蜂蜜代糖）

食用油1大匙

## 作法

1. 將清洗乾淨並用餐巾紙擦乾的雞肉，與醬油、味噌、蜂蜜混合均勻醃製，放入冰箱冷藏1小時以上（可先醃製起來，隔天再料理）。

2. 在平底鍋上或烤盤上放1大匙食用油，將醃製過的雞腿肉放上去，雞皮那面朝上。

3. 放入已預熱180度10分鐘的烤箱中，烘烤20分鐘即可。

Tips

醃製雞腿肉可於前一天晚上放入冰箱使其入味，非常適合時間緊湊的上班族媽媽們，給家人
的愛心健康料理喔！

生酮版營養成分

| 1人份量 | 總醣份 | 總熱量 | 膳食纖維 | 蛋白質 | 脂肪 |
|---|---|---|---|---|---|
| 215g | 3.8g | 470.1cal | 0.5g | 31.3g | 35.8g |

# 中東孜然烤香料雞佐薑黃飯

想要變化口味時，中東風味的異國料理是個不錯的好選擇！

薑黃的獨特活性成分含有豐富的營養價值，是天然的抗發炎食材！

今天晚上不妨試試這道簡單好料理！

| 1人份量 374g | ¼份醣份26.7g 總醣份106.8g | ¼份熱量217.2cal 總熱量868.9cal | 膳食纖維 7.2g | 蛋白質 35.4g | 脂肪 30.3g |
|---|---|---|---|---|---|

## 食材（2人份）

**中東孜然烤香料雞**

雞肉200g

肉桂棒1根

薑黃粉¼匙

孜然粉¼匙

荳蔻粉¼匙

洋香菜葉¼匙

鹽¼匙

小茴香粉⅛匙

白胡椒粉⅛匙

紅椒粉⅛匙

酸奶30g

**薑黃飯**

椰奶一瓶200ml

奶油10g

葡萄乾20g

薑黃粉6g

洋蔥¼顆（切丁）

長白米180g

洋香菜粉（裝飾）

## 作法

1. 先將中東孜然烤香料雞的食材全部混合醃製備用。

2. 在鑄鐵鍋中放入奶油與洋蔥丁拌炒至軟。

3. 加入薑黃粉一起拌炒約30秒。

4. 倒入椰奶及洗淨的白長米，攪拌均勻後，用小火烹煮即可。

5. 取一平底鍋，熱鍋後倒入食用油（食材外），將醃製好的雞肉放入鍋內煎熟。

6. 煮好的薑黃飯倒入木盆中可吸收水氣，再撒上葡萄乾、洋香菜粉裝飾。

Tips

1.香料粉是這道菜的重點，如果缺少任何一項的話，就會少了一味！

2.如果是用電鍋煮飯的朋友們，只需將炒好的薑黃、洋蔥、椰奶加入洗淨瀝好水的白米中，
　水位如一般煮飯的水量即可。

3.酸奶的部分也可用無糖希臘優格替代。

# 黃檸檬雞肉風味義大利麵

醃製檸檬片可取代鹽的部分，更能賦予這道料理清爽卻濃郁的風味，

適合在炎熱的天氣裡，讓沒有食慾的人開胃喔！

| 1人份量 485g | ½份醣份28.4g 總醣份56.7g | ½份熱量371.6cal 總熱量743.1cal | 膳食纖維 2.8g | 蛋白質 42.9g | 脂肪 36.7g |

## 食材（1人份）

雞腿排1片

醃漬檸檬數片（依個人喜好）〔作法請見P226〕

冷凍高湯塊一塊（75g）

蒜片10g

花椰菜50g

義大利麵150g（生酮飲食請改用蒟蒻麵）

橄欖油1大匙

鹽1小匙

## 作法

1. 先將清洗擦乾的雞腿排與兩片醃漬檸檬一同放入密封袋中，送進冰箱冷藏醃製（至少1小時以上，可於前一天先行放入冰箱中，隔天再料理）。

2. 將醃製好的雞腿排放入烤箱以180度烤25分鐘。

3. 準備一鍋滾燙的熱水，加入1大匙的橄欖油、1小匙的鹽，再以傘狀的方式放入義大利麵於鍋中煮至八分熟。麵取出時，利用此鍋水將花椰菜稍微燙一下。

4. 在平底鍋內加入少許橄欖油（食材外），將蒜片煎至香脆取出備用，再加入高湯塊，並倒入煮至八分熟的義大利麵。

5. 加入切塊的雞腿排與花椰菜，可再加入1～2片醃漬檸檬片（視個人喜好鹹度），一同拌炒至收汁，放上蒜片，享用前再擠上新鮮檸檬汁增添風味即可。

生酮版營養成分

| 1人份量 | 總醣份 | 總熱量 | 膳食纖維 | 蛋白質 | 脂肪 |
|---|---|---|---|---|---|
| 485g | 3.9g | 504.2cal | 8g | 32.6g | 35.8g |

生酮
可食

# 茄子雞肉味噌煲

非常簡單的茄子雞肉味噌煲，可讓討厭茄子的小朋友們不知不覺的吃下肚喔！

只要加入風味濃郁的味噌後，整道菜的味道又更加提升出來，好吃又下飯～～

| 1人份量 190g | 總醣份 5.7g | 總熱量 198.9cal | 膳食纖維 2.6g | 蛋白質 15.1g | 脂肪 10.6g |
| --- | --- | --- | --- | --- | --- |

## 食材（1人份）

雞胸肉200g

薑5g

紅蘿蔔30g

茄子1條

米酒15c.c.

醬油10c.c.（生酮飲食請改用無糖醬油）

味噌30g

水80g

## 作法

1. 先將雞肉與醬油、米酒、薑醃製一下，備用。

2. 紅蘿蔔切片、茄子切片泡鹽水（事先在水中加入一點點的鹽）備用。

3. 先將紅蘿蔔炒一下，再放入已醃製好的雞肉一起拌炒。

4. 加入茄子與味噌一起拌炒。

5. 加水一同拌炒後小火悶5分鐘，撒上蔥花即可上桌。

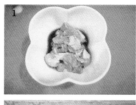

Tips

茄子一切開接觸空氣後就會變黑，悶煮的料理可將茄子事先泡鹽水，能防止變色。

生酮版營養成分

| 1人份量 | 總醣份 | 總熱量 | 膳食纖維 | 蛋白質 | 脂肪 |
|---|---|---|---|---|---|
| 190g | 5.5g | 198.5cal | 2.6g | 15.2g | 10.6g |

# 花椰菜雞腿排檸檬奶醬義大利麵

花椰菜是我家小朋友最愛的蔬菜，簡單的食材配上帶有檸檬清新酸味的奶醬，

口感溫順潤口，層次豐富，是道可以讓孩子開胃的義大利麵料理。

濃郁的檸檬奶醬在料理肉類及海鮮都非常適合！

### 🌿 食材（1人份）

雞腿排1片

花椰菜50g

自製檸檬奶醬150g（作法
請見P68）

現磨玫瑰鹽少許

現磨黑胡椒少許

管狀義大利麵225g

橄欖油1大匙

鹽1小匙

黃檸檬少許

### 🌿 作法

1. 取一平底鍋並熱鍋，放入清洗擦乾的雞腿排，
   雞皮那面朝下以小火慢煎將雞皮的油脂釋出。

2. 將雞皮煎至酥脆後，翻面煎至金黃備用。

3. 準備一鍋滾燙的水，加入1大匙的橄欖油、1小
   匙的鹽，放入管狀義大利麵煮至八分熟。

4. 麵取出時，利用此鍋的熱水將花椰菜稍微川燙。

5. 將原鍋內的水倒掉，放入管狀義大利麵、花椰
   菜、切塊的雞腿排、檸檬奶醬。

6. 稍微拌炒至食材與醬料融合，再加入個人喜好
   適量的現磨玫瑰鹽、現磨黑胡椒，並於享用前
   擠上新鮮黃檸檬汁增添風味即可。

| 1人份量<br>645g | ¼份醣份22.9g<br>總醣份91.7g | ¼份熱量285.4cal<br>總熱量1141.4cal | 膳食纖維<br>3.5g | 蛋白質<br>59.2g | 脂肪<br>57.7g |
| --- | --- | --- | --- | --- | --- |

## Tips

義大利麵的種類不拘，可依照個人手邊有的義大利麵款式來進行。

可將義大利麵換成蒟蒻麵

| 1人份量<br>645g | 總醣份<br>12.6g | 總熱量<br>783cal | 膳食纖維<br>11.3g | 蛋白質<br>43.9g | 脂肪<br>43.9g |
| --- | --- | --- | --- | --- | --- |

# 法式檸檬奶醬（進階版）

進階版的法式檸檬奶醬是由基礎的白醬調整而來，

可以運用手邊所有的奶製品來創造出不一樣的口味方式。

如果有鮮奶油可替代酸奶；如果沒有鮮奶油及酸奶，可直接使用牛奶，

也會一樣好吃！如果大量製作，可待冷卻後以密封袋小包分裝。

## 食材

低筋麵粉25g

奶油25g

酸奶50g

蛋黃1顆

高湯250g

黃檸檬半顆

現磨黑胡椒（隨個人口味
自行增減）

現磨玫瑰鹽（隨個人口味
自行增減）

## 作法

1. 取一小鍋，放入奶油，以小火加熱至完全融化。

2. 奶油融化後熄火，分兩次加入麵粉並迅速攪拌，
   直到麵粉與奶油完全融合。接著開小火一樣持
   續攪拌至起泡，然後熄火、放涼備用。

3. 將已加熱後滾燙的高湯倒入放涼的麵糊中，持
   續攪拌並煮到沸騰。

4. 加入蛋黃持續攪拌至完全融合。

5. 再加入酸奶與麵糊混合均勻且呈現絲綢狀。

6. 加入半顆檸檬汁及依個人口味自行增減鹽、黑
   胡椒的份量即完成。

| 總份量 | 50g醣份3.6g | 50g熱量51.9cal | 膳食纖維 | 蛋白質 | 脂肪 |
|---|---|---|---|---|---|
| 400g | 總醣份28.7g | 總熱量414.9cal | 0.9g | 10.9g | 28.9g |

Tips

1.麵糊在拌炒的過程中要注意火候，小心燒焦變色，炒麵粉的步驟可去除生麵粉的味道。

2.當奶醬冷卻變得過度濃稠時，可隨時增添牛奶、鮮奶油，或高湯來攪拌稀釋。

# 異國風味優格嫩煎雞胸肉

希臘式優格不僅搭配水果或牛奶是健康早餐外，

還可以利用優格來醃製雞肉，讓肉質更軟嫩！

料理後的雞胸肉鮮美多汁，是冷便當或野餐的好料理！

## ❧ 食材（2人份）

雞胸肉300g

希臘式優格30g

檸檬半顆

肉桂粉¼茶匙

孜然粉¼茶匙

鹽½茶匙

蜂蜜½茶匙（生酮飲食請改用蜂蜜代糖）

洋香菜葉½茶匙

奶油20g

## ❧ 作法

1. 將洗淨擦乾的雞胸肉，從中間對半切開，再切成大正方型塊狀（最厚的雞胸肉部分不要超過2公分厚度）。

2. 除了奶油外，將所有調味料和雞肉放入密封袋中醃製（可於料理的前一晚醃製起來）。

3. 將醃製好的雞肉取出並放入器皿中（注意不要多餘的醬汁），再將已融化的奶油倒入雞肉中。

4. 將奶油與雞肉混合攪拌均勻。

5. 取一平底鍋，開中小火熱鍋，感覺微熱時就放入雞胸肉（從大塊的開始），將雞胸肉的各面煎至呈現燒烤的顏色（時間約4～5分鐘）。

6. 將雞胸肉盛盤，蓋上錫箔紙封好，約10分鐘後即可享用。

| 1人份量 205g | 總醣份 3.9g | 總熱量 435.7cal | 膳食纖維 1.2g | 蛋白質 30.6g | 脂肪 32g |
|---|---|---|---|---|---|

Tips

1.蓋上錫箔紙靜置的這個步驟，能讓雞胸肉軟嫩多汁。

2.雞胸肉好吃的關鍵在於時間及鍋具、火候上的掌控，盡可能使用不沾的平底鍋。

生酮版營養成分

| 1人份量 205g | 總醣份 2.9g | 總熱量 431.8cal | 膳食纖維 1.2g | 蛋白質 30.6g | 脂肪 32g |
|---|---|---|---|---|---|

# 奶油燉蘑菇雞胸肉

生酮
可食

法式料理中最經典的部分不外乎就是醬汁！

這道用法式手法來料理雞肉，搭配人氣食材蘑菇，簡單又好吃！

在烹煮的過程中白酒已經揮發，所以小朋友也可以食用。

| 1人份量 215g | 總醣份 4.3g | 總熱量 370.3cal | 膳食纖維 0.8g | 蛋白質 22.4g | 脂肪 28.7g |
| --- | --- | --- | --- | --- | --- |

## 食材（3人份）

雞胸肉300g

蘑菇80g

奶油30g

白酒15g

雞高湯150g

鮮奶油40g

西洋芹1根

西洋芹葉子5g

月桂葉1片

蛋黃1顆

## 作法

1. 先將奶油用小火加熱至表面起泡泡，奶油完全融化呈現金黃澄清色澤。

2. 放入切塊的雞胸肉煎至表面焦黃，取出備用。

3. 加入蘑菇翻炒至表面上色變小。

4. 倒入白酒、雞高湯、西洋芹一根（切段）、月桂葉一片、雞胸肉，一起煮滾後轉小火即可取出雞肉及蘑菇，並熄火。

5. 利用濾網將鍋中的高湯過濾出雜質。

6. 將過濾好的高湯倒回原鍋中，加入鮮奶油及蛋黃快速攪拌成絲絨狀，再開小火將醬汁煮至濃稠即可澆在雞肉與蘑菇上，再放上切碎的芹菜葉裝飾。

攪拌鮮奶油與蛋黃時須持續動作，火須全程小火避免煮滾，否則蛋黃易結塊，就無法形成像絲絨般的濃郁醬汁。

請用生菜

生酮可食

# 香煎雞胸肉佐藜麥沙拉

雖然軟嫩多汁的雞腿肉總是比較受歡迎，

但富含高蛋白質與少脂肪特性的雞胸肉，是減肥、養肌的必備聖品。

只要控制好烹飪時間，雞胸肉也能和雞腿肉一樣美味！

| 1人份量 420g | ½份醣份17.1g<br>總醣份34.2g | ½份熱量446cal<br>總熱量891.9cal | 膳食纖維<br>9.5g | 蛋白質<br>56.3g | 脂肪<br>53.5g |

## ∽ 食材（1人份）

雞胸肉1塊（150g）

奶油10g

現磨玫瑰鹽適量

現磨黑胡椒適量

Pitta起司80g

### 藜麥沙拉

生菜100g

藜麥50g（煮法請見P76）〔生酮飲食請改用生菜〕

巴薩米克醋醬汁30g

## ∽ 作法

1. 取一平底鍋，開中小火放入奶油加熱至融化。

2. 放入整塊的雞胸肉煎至雙面金黃。

3. 將雞胸肉盛盤，用錫箔紙封好放入烤箱以180度烤8分鐘即可。

4. 將Pitta起司切片，使用原鍋煎Pitta起司至雙面呈現金黃色。

5. 將Pitta起司放置紙巾上吸除過多的油脂，切成小塊拌入沙拉中，並把烤好的雞胸肉切塊一同享用。

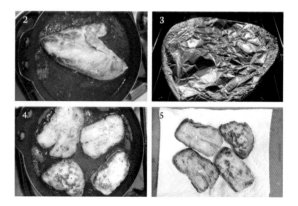

雞胸肉要好吃，火候時間的控制是主要的因素。判斷雞胸肉熟的方式，看起來會像我們大拇指連結手掌的肌腱肉一般厚實。

生酮版營養成分

| 1人份量 | 總醣份 | 總熱量 | 膳食纖維 | 蛋白質 | 脂肪 |
|---|---|---|---|---|---|
| 420g | 8.1g | 699.1cal | 2.2g | 48.6g | 50.5g |

# 藜麥好吃煮法

藜麥含有充分的必需胺基酸，且是人體無法產生的胺基酸，

能經人體完全消化，更包含豐富的纖維素及 Omega-3，是米的最佳替代品，

和全麥相較，纖維高出 50%，更被歐美國家視為減肥的穀物之母。

| 1人份量 | 總醣份 | 總熱量 | 膳食纖維 | 蛋白質 | 脂肪 |
|---|---|---|---|---|---|
| 60g | 26.7g | 273.9 cal | 8.1g | 8.3g | 11.4g |

## 食材

藜麥50g

水100g

奶油5g（或橄欖油）

依個人口味添加適量的鹽

黑胡椒（隨個人口味添加）

## 料理方式

好吃煮法比例：

藜麥1杯：水2杯（藜麥50g：水100g）

1. 倒入冷水至鍋中，加入藜麥及奶油，開大火煮，並攪拌一下。水滾時即轉微火，並蓋上鍋蓋煮15分鐘，關火悶5分鐘後即可享用。

2. 悶煮好的藜麥會是蓬鬆粒粒分明，可加入喜歡的沙拉配料做成藜麥沙拉。

Tips

藜麥可單吃替代主食，也可和米混合在一起煮成藜麥飯，做成沙拉或是配料點綴都很好吃！

雞胸肉料理 **77**

生酮
可食

# 鰻魚雞肉豆腐煲

鰻魚在煮後會化開來，完全看不到，但料理會充滿濃郁的鮮味。

除了用在義大利麵外，在中式料理也具畫龍點睛之效，讓肉類或菜類更美味！

加在醃料及沙拉醬汁中也好吃！料理只需在一開始烹煮時加入一條鰻魚提味即可。

| 1人份量<br>166.7g | 總醣份<br>3g | 總熱量<br>115.8 cal | 膳食纖維<br>1.1g | 蛋白質<br>7.2g | 脂肪<br>8g |
|---|---|---|---|---|---|

## 食材（3 人份）

鰻魚10g

雞胸肉300g

豆腐1塊

高湯150ml

醬油20g（生酮飲食請改用
無糖醬油）

蒜末5g

白胡椒粉2g

蔥花少許

食用油1大匙

## 作法

1. 將清洗乾淨並用餐巾紙擦乾的雞胸肉切成大丁。

2. 取一平底鍋，放1大匙的食用油，並加入鰻魚與蒜末炒香。

3. 放入雞丁，炒至表面變白半熟。

4. 倒入醬油快炒一下。

5. 加入豆腐、高湯、白胡椒粉輕拌後，蓋上鍋蓋悶煮1分鐘（過程全中大火）。

6. 撈出煮好的鰻魚雞肉豆腐至碗盤裡，將剛剛的湯汁開大火收至微濃縮狀態，再倒入鰻魚雞肉豆腐中，撒上蔥花即完成。

$\overset{\backslash \ / }{\underset{Tips}{/}}$

1. 雞胸肉燉煮時間不宜太久，雞胸肉呈現鮮嫩較佳。

2. 鯤魚為常見的過敏源，調味的時候需拿捏好份量，以免過鹹。

生酮版營養成分

| 1人份量 | 總醣份 | 總熱量 | 膳食纖維 | 蛋白質 | 脂肪 |
|---|---|---|---|---|---|
| 166.7g | 2.6g | 114.9cal | 1.1g | 7.3g | 8g |

# 烏骨雞

　　烏骨雞的運用在熬煮雞湯時，是養氣補身的好食材，而燉煮雞湯最好喝的秘訣是選擇土雞，非肉雞。在一般傳統市場購買的價格較不親民，且對很多沒有時間去市場購買的人來說，能夠一次在Costco將食材備足是最方便的選擇！Costco的烏骨雞一盒內約有3隻大雞腿，CP值很高！

台灣烏骨雞切塊 **185**元/1kg

分裝保存

### 適量分裝

買回來後先分裝成每次料理的份量，利用冷凍保鮮袋或保鮮盒包裝好，並標註食材名稱、日期，放入冰箱冷凍保存。要燉煮雞湯時，於前一晚移至冷藏室退冰即可，非常方便！

| 2～3週冷凍保存 | 冷藏低溫解凍或以解凍節能板解凍 |

**美味關鍵**

① 想要擁有一鍋清澈鮮甜的湯，最重要的步驟就是川燙，生的雞肉在清洗過程中細菌反而易隨著水花濺灑出來，所以在川燙前不需要先清洗生雞肉，直接在湯鍋注入過濾冷水。

▽

② 將過濾冷水與生雞肉開火煮至水滾前熄火，放置冷卻。

▽

③ 接著再將雞肉用過濾水反覆清洗乾淨即可燉煮，經過這道手續不僅可以去除掉生腥味，也能一次徹底清潔，還能使燉煮的湯品清香不混濁。

▽

④ 開始燉煮湯品時，加入少許的米酒，用大火煮開約10分鐘。過程中可再撈去表面上的浮渣，接著轉小火燉煮。

Tips

1. 燉煮期間請不要開鍋蓋，這樣才能使湯頭更濃郁。
2. 加鹽的時間點為湯品燉好時才放，因為鹽煮的時間久，會和肉類產生化學反應，使湯頭變淡，肉品也不易燉爛。

# 烏骨雞黑蒜養生湯

生酮
可食

黑蒜具有抗氧化，是名列前茅的優質好食材。

黑蒜經過特殊發酵之後，不僅沒有普通大蒜的辛辣味，也沒有蒜臭味，

天然純植物製品，是很好的養生食材，拿來做養生湯的料理再適合不過了！

| 1人份量 482.5g | 總醣份 9.9g | 總熱量 234.4cal | 膳食纖維 5.7g | 蛋白質 17.3g | 脂肪 11.6g |
|---|---|---|---|---|---|

## 食材（4人份）

雞肉300g

黑蒜1個

枸杞10g

黃耆10g

紅棗10g

乾香菇5片

米酒10c.c.

鹽適量

水1500ml

## 作法

1. 取一湯鍋，放入生雞肉，注入過濾冷水（食材外），開大火加熱。

2. 水要沸騰時即立刻關火放置冷卻。

3. 將乾香菇用80度的熱水浸泡至泡發（注意不可浸泡過久，以免香菇的鮮味物質流失）。

4. 取出雞肉並仔細沖洗乾淨備用。

5. 另準備一鍋沸騰的水1500ml，加入已泡好的乾香菇、雞肉、黑蒜、枸杞、黃耆、紅棗、米酒，大火滾5分鐘後，即蓋上鍋蓋轉小火燉40分鐘，起鍋時再加入適量的鹽調味。

Tips

黑蒜在一般超市就可以買到。

# 香菇栗子烏骨雞湯

秋天的新鮮栗子又甜又好吃，不僅性溫、味甘、營養滋補，

而且含有各種礦物質及維生素，是抗衰老、提振精神，

且對腎虛氣虛者的最佳滋補食材，還是煲湯的好選擇喔！

| 1人份量 492.5g | 總醣份 16.8g | 總熱量 271.9cal | 膳食纖維 6.9g | 蛋白質 17.2g | 脂肪 11.9g |
|---|---|---|---|---|---|

## ∽ 食材（4人份）

雞肉300g

新鮮栗子100g

枸杞10g

薑1塊

乾香菇5片

米酒10c.c.

鹽適量

水1500ml

## ∽ 作法

1. 取一湯鍋，放入生雞肉，注入過濾冷水（食材外），開大火加熱。

2. 水要沸騰時即立刻關火放置冷卻。

3. 將乾香菇用80度的熱水浸泡至泡發（注意不可浸泡過久，以免香菇的鮮味物質流失）。

4. 將雞肉仔細沖洗乾淨備用

5. 另準備一鍋沸騰的水1500ml，加入已泡好的乾香菇、雞肉、新鮮栗子、枸杞、薑、米酒，大火滾5分鐘後，即蓋上鍋蓋轉小火燉40分鐘，起鍋時再加入適量的鹽調味。

Tips

1.新鮮剝好的栗子在一般傳統市場即可買到,料理時很方便,不用自己剝殼。

2.新鮮的栗子最好盡快食用完畢。如果沒有吃完請放冰箱冷藏保存在3日內吃完。盡量不要
放冷凍庫,以免降低營養成分,若放冷凍庫請於一個星期內食用完。

# 火雞

　　Costco販售的火雞Butter Ball，每年到了感恩節或聖誕節都是熱賣商品，整隻火雞已經處理好了，買回去就可直接料理，非常方便！這麼大隻的火雞吃不完？或是口味吃膩了不想吃怎麼辦？不用擔心！只要發揮一些巧思，馬上變身全新菜色！

Butter Ball火雞 約**1200**元/1入

## 切塊或雞絲保存

　　將火雞肉切成片狀或順著紋路手撕雞絲，依料理所需份量，使用保鮮膜包好再一併放入食物密封袋中保存，並在袋上標註食材名稱、日期、重量，平放冰箱冷凍保存，料理的前一晚再移至冷藏區低溫解凍。

片狀火雞肉可以做火雞肉捲餅，或夾在三明治裡當早餐；火雞肉絲可以做成火雞肉飯，或是煮麵時可添加豐富湯頭味道。

`2～3週冷凍保存`　`自然解凍 或以微波爐解凍`

雞骨架

### ① 煮雞湯

雞骨架可以利用來做雞高湯，只需先將骨頭
部位與肉分離，將骨頭部位密封包裝好放入
冷凍保存，當天沒有時間煮雞高湯的話，也
可於下次料理時再處理。熬煮高湯時，骨頭
無需解凍，可直接放入鍋中熬煮。

| 2～3週冷凍保存 | 自然解凍<br>或直接料理 |
|---|---|

### ② 做成雞湯塊

可將熬煮完的火雞高湯倒入製冰盒，送進冰箱冷
凍做成高湯塊。利用食物密封袋分裝保存，並在
袋上標註食材名稱和日期，料理時加入一塊雞湯
塊，整個味道會提升了不少！

| 2～3週冷凍保存 | 自然解凍<br>或直接料理 |
|---|---|

Tips

在食用火雞時，請切記利用公刀叉來分切，而分裝保存時也務必注意手及刀具已消毒乾淨，
沒有碰觸到其他食物，避免產生細菌而有食安問題（相同的分裝保存和食用方式，也可用於
一般烤雞上）。

生酮
可食

# 楓糖甜橙香料火雞

Butter Ball火雞堪稱是火雞界的No.1，

不僅體型優美，事前處理的程序也可省去許多不必要的麻煩。

在Butter Ball的包裝上有一張小卡，可上官網查詢火雞尺寸及烘烤時間，

或是參考我的料理火雞方式，也可輕鬆烤出感恩節的完美火雞喔！

| 1人份量 808.8g | 總醣份 13.4g | 總熱量 1162.8cal | 膳食纖維 2.3g | 蛋白質 145.2g | 脂肪 54.2g |
|---|---|---|---|---|---|

## 食材（8人份）

Butter Ball火雞一隻約12磅
（烤約4小時）

無鹽奶油150g

黑胡椒5g

玫瑰鹽5g

洋蔥2顆

甜橙2顆

新鮮迷迭香4支

新鮮薄荷葉15片

新鮮蘿勒葉15片

大蒜1球

甜橙皮1顆皮的份量

楓糖漿50g（生酮飲食請改用
蜂蜜代糖或無糖楓糖漿）

橄欖油少許

## 作法

1. Butter Ball火雞的外包裝上有標示火雞的尺寸。

2. 拆掉黃色網袋後，在火雞底部有兩個拉環洞，請向外拉開，即可將整個包裝袋輕易打開且不傷到火雞外皮。

3. 將火雞胸腔內的白色包裝袋取出（裡面是內臟、脖子，可依個人喜好丟棄或保留料理）。

4. 將清洗乾淨的火雞利用餐巾紙擦乾，包含胸腔內，再均勻的內外抹上約兩大匙的玫瑰鹽（或粗鹽）搓揉按摩，使火雞肉鬆弛。

5. 將室溫奶油、現磨黑胡椒、玫瑰鹽、切碎的新鮮香草（薄荷葉和羅勒葉）、蒜末、甜橙皮，混合均勻備用。

6. 在胸腔頂端的位置，輕輕將火雞皮與肉的中間層拉開一點，從隙縫中即可將混合好的奶油均勻塞入直到頂端，再稍輕壓奶油，迷迭香可整支塞入。

7. 將火雞翻身，同樣塞入混合奶油至火雞皮與雞肉中間後，把兩隻翅膀塞進脖子的位置，使其固定雞翅，再將脖子部分的雞皮蓋上。

8. 翻為正面後，將整顆洋蔥與兩顆甜橙直接塞入火雞胸腔內，並用另一顆對切的洋蔥填滿，將剩下的大蒜、香料一併塞入。

9. 將雞腿部分靠攏，雞腿固定在已處理好的雞皮洞內，可於要烤火雞的前一天做事前準備工作，再放置冰箱一天使其表皮風乾。

10. 隔天要烤之前，將火雞取出靜置至室溫程度（約6小時），用餐巾紙再次擦乾表面，確保雞皮上沒有多餘的水分。將火雞放置在烤架上（底部為烤盤），在火雞全身抹上些許橄欖油（底部不用）。

11. 將烤箱預熱210度10分鐘，放入火雞烘烤約半小時取出。

12. 在取出的火雞上用刷子均勻抹上楓糖漿，再用錫箔紙將火雞覆蓋著。

13. 烤箱溫度調降為190度，烤1小時就取出一次抹上楓糖漿，相同動作總共三次。

14. 利用溫度計插入雞腿與雞胸中間探測溫度是否達到78 ～ 82度（須達到此溫度裡面才有熟）。若沒達到可繼續再烤30 ～ 60分鐘（最後一次將胸腔內的洋蔥等物取出備用）。

## Tips

1. 因為各家烤箱烤溫不同，烘烤時間的次數會有所改變，所以準備好溫度計來測試比較安心。

2. 烤好的火雞需靜置，可利用這個時間來做火雞的搭配料理。

3. 在烘烤時不加入甜薯乾酪蘋果Stuffing的原因，是避免生火雞與熟的食材會產生大腸桿菌的細菌機率增加一倍，為了食用上的安全，先利用洋蔥及甜橙等塞入烘烤增添香氣，最後火雞完成烘烤時才填入甜薯乾酪蘋果Stuffing。

4. 如果家裡沒有楓糖漿，也可以改用40g蜂蜜+10g橄欖油替代。

生酮版營養成分

| 1人份量 | 總醣份 | 總熱量 | 膳食纖維 | 蛋白質 | 脂肪 |
|---|---|---|---|---|---|
| 808.8g | 9.4g | 1146.9cal | 2.3g | 145.2g | 54.2g |

生酮可食

# Gravy

| 總份量<br>1000g | 100g醣份5.7g<br>總醣**56.9g** | 100g熱量34.5cal<br>總熱量**345.1cal** | 膳食纖維<br>14.3g | 蛋白質<br>10.9g | 脂肪<br>4.5g |
|---|---|---|---|---|---|

## 食材

從火雞內取出的蔬菜

烤好火雞時烤盤上所留下的肉汁

雞高湯250ml

## 料理方式

1. 將剛剛烤好火雞底盤的肉汁用濾網先過濾掉殘渣。

2. 將過濾好的肉汁及所有食材放入鍋內，用中火燉煮約20分鐘。

3. 將洋蔥等物取出後，再用濾網過濾一次殘渣。

4. 完成後即為做好的Gravy。

# Cranberry Sauce 蔓越莓醬

| 總份量 245g | 100g醣份19.3g 總醣份47.4g | 100g熱量94cal 總熱量230.4cal | 膳食纖維 11.7g | 蛋白質 0.2g | 脂肪 0.2g |

## 食材

冷凍蔓越莓180g

紅糖30g

柳橙汁30ml

肉桂棒1根

## 料理方式

將所有食材煮至濃縮即可。

# 甜薯乾酪蘋果 Stuffing

總份量
685g

| 100g醣份13.4g | 100g熱量150.2cal | 膳食纖維 | 蛋白質 | 脂肪 |
| 總醣份91.5g | 總熱量1029.2cal | 9g | 36.1g | 54.9g |

## 食材

培根100g

蘋果半顆

洋蔥半顆

紅肉地瓜80g

芹菜80g

Gravy20g

雞高湯30ml

切達乾酪丁50g

乾掉的法國麵包100g

芹菜葉少許

## 料理方式

1. 將切碎的培根炒至出油微焦。

2. 將所有食材切丁倒入拌炒一下（除了乾酪、麵包，以及芹菜葉），並加入雞高湯與Gravy一起拌炒約5分鐘。

3. 熄火，將麵包倒入，拌炒至麵包均勻吸附湯汁。

4. 將拌炒好的Stuffing倒入烤盤，均勻放上乾酪丁，且撒上芹菜葉。

5. 放入已預熱好180度10分鐘的烤箱中，烤15分鐘即完成。

cook more

# 火雞高湯塊

自己做高湯塊，不僅營養又安心，

在烹調料理或是煮寶寶副食品的粥品時，加入一塊風味都特別濃郁！

| 總份量 | 總醣份 | 總熱量 | 膳食纖維 | 蛋白質 | 脂肪 |
|---|---|---|---|---|---|
| 100g | 0.2g | 8.8 cal | 0g | 1.5g | 0.3g |

## 食材

火雞肉骨架一副

水至鍋八分滿（31鑄鐵橢圓鍋）

蕃茄1顆

洋蔥1顆

紅蘿蔔1根

西洋芹3支（切段）

## 料理方式

1. 水滾後，加入所有食材大火滾5分鐘，即蓋上鍋蓋轉小火煮一個半小時，關火後悶至冷卻。

2. 煮好的高湯濾掉雜質即可倒入製冰盒或矽膠模器中，放入冰箱冷凍。

3. 可將冷凍成型的高湯塊放入保鮮袋，標註食材名稱和日期，送進冰箱冷凍保存。

高湯塊的火雞肉骨架也可為3～4副一般生雞骨架製作。

白花椰菜飯 請用 / 生酮可食

# 火雞肉飯

剩下的火雞肉拿來做火雞肉飯,醬汁是最經典的部分,
不僅小朋友喜歡,好做又好吃!

## 食材(3人份)

### 醬汁

蒜末10g

紅蔥頭15g

醬油10c.c.

米酒10c.c.

八角2個

蔥段8節

冰糖10g

雞高湯150ml

市售鵝油20g

### 火雞肉

火雞肉200g

雞高湯200ml

飯200g(生酮飲食請改用
白花椰菜飯)

## 料理方式

### 醬汁

1. 開中火,在鍋內倒入鵝油,將蔥段與八角煸香
   後取出。

2. 將蒜末與紅蔥頭倒入至完全炒香。

3. 加入雞高湯與冰糖、醬油、米酒,燉至濃縮(約
   5分鐘),醬汁即完成。

### 火雞肉

1. 將雞高湯煮滾後,放入要吃的火雞肉份量燙一
   下。

2. 立即用濾網將火雞肉取出,再淋上醬汁即可。

| 1人份量 | ⅓份醣份27g | ⅓份熱量155.3cal | 膳食纖維 | 蛋白質 | 脂肪 |
|---|---|---|---|---|---|
| 333.3g | 總醣份81.1g | 總熱量465.9cal | 1.1g | 21.2g | 4.4g |

## Tips

醬汁如果沒有使用完畢可冷藏3天、冷凍1個月。

生酮版營養成分

| 1人份量 | 總醣份 | 總熱量 | 膳食纖維 | 蛋白質 | 脂肪 | |
|---|---|---|---|---|---|---|
| 333.3g | 5.3g | 148.3cal | 4.2g | 18.7g | 4.2g | （將花椰菜洗淨剁碎，可水煮或炒的來取代白飯。） |

# 牧羊人火雞肉派

牧羊人派在英國是一道傳統料理中的主食，

雖然稱之為派，但卻沒有派皮，而是用馬鈴薯當基底，

再放上吃剩的肉烘烤而成，簡單又方便，是午後點心的好選擇！

| | 總醣份 | 總熱量 | 膳食纖維 | 蛋白質 | 脂肪 |
|---|---|---|---|---|---|
| 1人份量 185g | 15g | 265.4cal | 1.2g | 22g | 12.1g |

## 食材（2人份）

馬鈴薯泥150g

起司80g

碎火雞肉120g

Gravy20g

新鮮香草適量

## 料理方式

1. 將馬鈴薯泥和新鮮香草混合，平均鋪入烤盤中。

2. 將碎火雞肉平均放在馬鈴薯泥上。

3. 將Gravy淋在火雞肉上。

4. 撒上起司，並放入已預熱180度10分鐘的烤箱中，烘烤15分鐘即完成。

Tips

牧羊人派除了火雞肉，吃剩的烤雞或肉醬也可以拿來製作，不浪費食材的料理法！

# 中式火雞肉捲餅

火雞肉捲餅的餅皮也可換成蛋捲皮，不僅簡單又快速，也非常美味喔！

| 1人份量 180g | 總醣份 20.3g | 總熱量 209.5cal | 膳食纖維 2.2g | 蛋白質 14.8g | 脂肪 6.6g |
| --- | --- | --- | --- | --- | --- |

## 食材（2人份）

蔥油餅3片

火雞肉100g（切絲）

小黃瓜1條（切絲）

蔥1根（切絲）

甜麵醬10g

Gravy20g

## 料理方式

1. 將Gravy加熱一下。

2. 倒入火雞肉及甜麵醬拌炒。

3. 將煎好的蔥油餅上前端鋪上火雞肉絲、小黃瓜及蔥絲。

4. 由食材那端向前捲起，並用牙籤固定即可。

 Tips

拌炒甜麵醬的時間約10秒，不然甜麵醬易變苦。

請用
蒟蒻粄條

生酮
可食

# 火雞肉粄條

利用做好的火雞高湯塊,加入粄條,

再加一點日式醬油提味,也能擁有一碗撫慰人心的粄條湯喔!

| 1人份量 448g | ½份醣份32.5g 總醣份65g | ½份熱量165.2cal 總熱量330.4cal | 膳食纖維 3.4g | 蛋白質 7.2g | 脂肪 3.2g |
|---|---|---|---|---|---|

## 食材（1人份）

自製火雞肉高湯塊150g

水50g

日式醬油5g（生酮飲食請改用
無糖醬油）

粄條1人份230g（生酮飲食請
改用蒟蒻粄條）

火雞肉適量

蔥花少許

## 料理方式

1. 在鍋內加入冷水及高湯塊,煮至沸騰。

2. 加入粄條煮約5分鐘,倒入日式醬油提味。

3. 接著再放上火雞肉及蔥花裝飾即完成。

Tips

使用的麵類建議不會散落麵粉的麵類製品，不然湯汁會變得濃稠而影響口感。

生酮版營養成分

| 1人份量 | 總醣份 | 總熱量 | 膳食纖維 | 蛋白質 | 脂肪 |
|---|---|---|---|---|---|
| 448g | 1.6g | 78.6cal | 10.2g | 5g | 1.2g |

# 低脂豬絞肉

Costco的豬絞肉是低脂的，與一般傳統市場及超市最大的不同，相對比較健康又不會太過於油膩。一大盒買回來，可依據個人家庭每次所使用的份量，利用冷凍密封袋分裝保存。

台灣低脂豬絞肉 **149**元/1kg

分裝保存

## 小袋分裝

分裝的方式盡量讓絞肉平整，以及完全去除多餘的空氣，可以利用擀麵棍輔助，並在密封袋上註明肉品、日期、重量。

2～3週冷凍保存　　冷藏低溫解凍或以解凍節能板解凍

美味關鍵

1　添加辛香料或米酒去除腥味

絞肉的處理並不需要事前清洗這個動作，不然會使絞肉和油脂流失，口感變差。可添加各種中西式的辛香料或米酒，除了增添香氣外，還可以去除豬肉特有的腥氣味。

2　做成肉醬

煮好的肉醬待放涼後放置密封盒、密封袋，並註明肉品、日期、重量，放入冰箱冷凍保存。

2～3週冷凍保存　　冷藏低溫解凍或以解凍節能板解凍

# 帶皮豬五花

五花肉又稱為三層肉，取於肚腩的部位，所以油脂豐厚，適合拿來燉煮或切成薄片、切絲的方式烹調。Costco的帶皮豬五花是一整大塊的，非常適合東坡肉及梅干扣肉等料理。

台灣帶皮五花豬肉 **205**元/1kg

**分裝保存**

① 切條分裝

可以先將五花肉切成像傳統市場販售的長條狀，再利用保鮮膜包起，放入密封袋中冷凍保存，標記名稱、日期、重量，放冰箱冷凍保存。

 ▶  ▶

② 切成適口大小

直接切成平時滷肉的大小，標記好名稱、日期、重量。
放冷凍保存，料理的前一晚放至冷藏低溫解凍。

**2～3週冷凍保存**　**冷藏低溫解凍或以解凍節能板解凍**

**美味關鍵**

豬五花適合長時間燉煮，可以將五花肉切得大塊一點，吃起來口感會很滿足。

若是要川燙的方式，請等待完全降溫冷卻時再切，口感會比較軟嫩又不容易切碎。

若是要做肉燥可手切成小塊，讓滷肉飯或肉燥飯更加有口感。

# 豬五花火鍋片

　　豬五花火鍋片是減醣生酮飲食的好選擇，也是冬天火鍋料理中不可或缺的必備肉品。如果是一般四人家庭的話，買起來相對划算！

台灣豬梅花火鍋片 **289**元/1kg

## 分裝保存

### 適量分裝

只要將買回來的豬五花肉片分裝成每次食用所需的份量，在密封袋上標註名稱、日期、重量，放入冰箱冰凍保存。

或是將豬五花肉片裝進密封袋或保鮮盒中，放入料理所需的香料醃製備用，再標記名稱、日期、重量，放入冰箱冷凍保存。

2～3週冷凍保存　　　冷藏低溫解凍或以解凍節能板解凍

## 美味關鍵

豬五花肉片除了可以煮火鍋，另外做成燒烤肉片也是非常方便又美味！如果沒有時間，料理時取一包分裝好的肉片，直接解凍或是放在解凍節能板上，就能快速料理。

# 豬腹斜排切塊

豬腹斜排也稱為腩排，不僅脂肪含量高，肉層相對厚實，並且帶有白色軟骨，很適合醬滷或紅燒、燉湯等料理，對小家庭來說是CP值很高的商品。

台灣豬腹斜排切塊 **309**元/1kg

**分裝保存**

### 適量分裝

將買回來的豬腹斜排切塊，依料理所需份量做小袋分裝，在保鮮袋上標記名稱、日期、重量，放入冰箱冷凍保存。

| 2～3週冷凍保存 | 冷藏低溫解凍或以解凍節能板解凍 |

**美味關鍵**

豬腹斜排切塊適合料理紅燒、糖醋，或醬滷及燉煮排骨湯。變化多元，是肉品的一項好選擇。

Tips

在川燙豬肉的時候，可加入一匙米酒、蔥段、八角去腥，或單純加入米酒，也能達到去除豬肉特有腥氣的效果。

# 豬里肌心燒肉片

　　Costco的豬排相當厚實，油脂分布均勻，一片約有2公分厚度，很適合拿來做日式炸豬排料理、早餐肉片、烘烤，料理用途多元！

豬里肌心燒肉片真空包　**279元/1kg**

## 分裝保存

**①　分小包保存**

Costco的豬排一袋內含三小包真空包裝組合，如果一次可使用到一小包真空包裝的份量，則可直接分小包送入冰箱冷凍保存，並標註食材名稱和日期，料理前一晚再移至冷藏區低溫解凍。

**②　適量分裝**

若一次所使用的份量不到一包真空袋包裝，也可先拆開包裝後，利用冷凍密封袋分裝料理所需的份量，平放冰箱冷凍保存，並標註食材名稱和日期，料理前一晚再移至冷藏區低溫解凍。

| 2～3週冷凍保存 | 冷藏低溫解凍或以解凍節能板解凍 |

## 美味關鍵

豬排在煎或炸的時候，必須先將豬排旁邊的筋與脂肪部分用利刀切斷，可避免在煎炸時，豬排因受熱而捲起，影響烹調的時間與豬排原本的大小。

# 豬小里肌肉、豬頰肉

　　Costco的豬小里肌肉、豬頰肉為一份有兩袋真空包裝。豬小里肌肉質細嫩，由於沒有任何肥膩油脂，非常適合不敢吃肥肉的人，或要烹調給小寶寶的副食品；豬頰肉位於豬的頸部，一頭豬只有兩塊豬頰肉，又有松阪豬之稱，因此價格高於其他豬肉部位。

台灣清修豬小里肌真空包
**249**元/1kg

台灣豬頰肉真空包
**589**元/1kg

## 分裝保存

### 1  分小包保存

在我們將肉品購買回來之後，可以直接使用剪刀，從兩份真空包裝中間的分割線剪開，再送入冷凍保存，並標註食材名稱和日期，料理前一晚再移至冷藏區低溫解凍，非常方便！

### 2  分條或分片保存

可以直接剪開包裝後，依料理多需的份量，豬小里肌肉分條保存、豬頰肉分片保存。先用保鮮膜包起來，再裝進食物密封袋中，擠出空氣，標註食材名稱和日期，料理前一晚再移至冷藏區低溫解凍。

`2～3週冷凍保存`　`冷藏低溫解凍或以解凍節能板解凍`

## 美味關鍵

豬小里肌肉質細嫩，可整條燒烤，或切成塊狀、肉絲；自己在家要包水餃，也可以大手筆的用豬小里肌的部分來做絞肉。

豬頰肉本身具有漂亮的脂肪雪花佈滿，只要稍微煎烤就非常好吃，肉質本身帶有脆度，是款新手上菜而不怕失敗的肉品。

# 西洋梨薑汁豬肉

生酮
可食

美國西洋梨不僅高纖、低卡、低GI，在飲食中脂肪和額外糖分的攝取量都較低，

而且富含豐富的膳食纖維，軟嫩多汁的西洋梨融進料理中，能去除豬肉的生腥味，

更有芬芳的香氣與口感，不論是鮮食或入菜都兩相宜！

## 食材（3 人份）

豬五花火鍋片200g

西洋梨磨成泥40g

薑泥40g

醬油30g（生酮飲食請改用無糖醬油）

米酒30g

味醂15g

洋蔥半顆

蔥一段

太白粉1小匙+些許溫水拌勻備用（生酮飲食請去除太白粉）

## 作法

1. 將磨成泥的西洋梨、薑泥、醬油、米酒、味醂倒在一起攪拌均勻。

2. 取一半調好的醬汁倒入肉中稍微醃製。

3. 將肉片下油鍋不要翻面，不要拌炒，直到像燒肉的火烤方式呈現單面焦香感。

4. 將肉片取出備用。

5. 在原鍋放入切成條狀的洋蔥，關火拌炒至洋蔥上色為止。

6. 開中小火倒入肉片及剩下的肉汁，並加入太白粉水拌勻，呈現有點黏稠狀即起鍋，並加上蔥絲裝飾。

| 1人份量 | 總醣份 | 總熱量 | 膳食纖維 | 蛋白質 | 脂肪 |
|---|---|---|---|---|---|
| 171.7g | 11.4g | 335.1cal | 1.5g | 11.1g | 24.7g |

Tips

薑汁豬肉的料理，每個人的作法都會有些不同，這裡使用西洋梨入菜來取代糖的成分，口感更為清爽。

生酮版營養成分

| 1人份量 | 總醣份 | 總熱量 | 膳食纖維 | 蛋白質 | 脂肪 |
|---|---|---|---|---|---|
| 171g | 9.9g | 329cal | 1.5g | 11.1g | 24.7g |

# 炸牛奶豬排

日式炸豬排是小朋友心目中的大英雄，只要有了炸豬排，都會乖乖的吃飯。

這裡使用牛奶來替代米酒去腥，不僅肉質更加多汁，還多了一股淡淡的奶香氣！

| 1人份量 | 總醣份 | 總熱量 | 膳食纖維 | 蛋白質 | 脂肪 |
|---------|--------|--------|----------|--------|------|
| 312.5g | 19.1g | 670.9cal | 0.9g | 55.3g | 39.4g |

## 食材（2人份）

厚切豬排兩片500g

鹽1小匙

白胡椒粉½小匙

牛奶少許

全蛋1顆

中筋麵粉20g

麵包粉30g

## 作法

1. 使用叉子將豬排斷筋（兩面均須將叉子戳入徹底斷筋），並利用刀鋒將肉排的四周均勻切斷約1.5公分（此動作可讓豬排在炸的過程中更平整）。

2. 將豬排放入牛奶中醃製至少1小時以上，牛奶微蓋過豬排即可（可於前一晚放入冰箱更好）。

3. 準備三個器皿，分別放入麵粉、全蛋液、麵包粉。首先將豬排均勻沾上中筋麵粉（多餘的拍掉）。

4. 將沾好麵粉的豬排放入已打散的蛋液中，均勻包覆。

5. 將裹好蛋液的豬排放在裝有麵包粉的器皿中，雙面皆沾滿，可略壓讓麵包粉附著，靜置10分鐘。

6. 油鍋溫度確認為180度後，將豬排以中火炸約3分鐘（成金黃色），再翻面炸約2分鐘即完成（雙面皆呈現漂亮的金黃色），取出豬排放在架子上瀝油，靜置一下即可享用。

豬排炸的時間不用太久，否則肉質會變老不好吃！ Costco的豬排大約是2公分厚，炸的時間約5分鐘即可。炸完的豬排靜置一下，能讓餘溫將豬排更鮮嫩多汁！

如果家裡沒有溫度計，也可利用筷子測試油溫是否足夠，當筷子插入油中快速在周邊出現非常多的小泡泡，就代表可以下鍋油炸了。

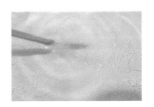

# 檸檬鹽麴豬頰肉

生酮
可食

豬頰肉的油脂豐富，口感又鮮脆，位於豬的臉頰部位，

跟其他的豬肉部位比較起來色澤顯得白嫩，所以才有松阪豬、霜降肉的美稱。

利用鹽麴軟化肉質，並加入檸檬增添清新的香氣，熱熱的吃或帶便當都很適合！

| 1人份量 | 總醣份 | 總熱量 | 膳食纖維 | 蛋白質 | 脂肪 |
|---|---|---|---|---|---|
| 115g | 1.8g | 184.6cal | 0g | 17.6g | 11.9g |

## 食材（2人份）

豬頰肉200g

鹽麴20g

新鮮檸檬汁10g

## 作法

1. 將豬頰肉放入密封袋中，倒入檸檬汁和鹽麴混合均勻（醃製至少8小時以上或於前一晚放置冰箱更入味）。

2. 使用平底鍋，開中小火，待鍋熱時倒入食用油（食材外），再放入已醃製好的豬頰肉（可利用餐巾紙去除多餘的水分）。

3. 轉小火，將豬頰肉兩面各煎約4分鐘，呈現漂亮的燒烤顏色。

4. 將豬頰肉取出放在器皿中靜置10分鐘即可享用。

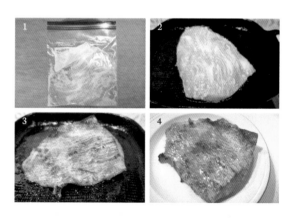

*Tips*

鹽麴可以軟化肉品的質地，更能取代鹽、糖，是萬用的必備料理品。

# 杏桃燉香煎豬腰內肉

豬小里肌肉又稱為腰內肉，十分軟嫩，有豬菲力之稱。

這道杏桃燉香煎豬腰內肉，利用乾杏桃搭配法式的濃郁醬汁，

有別於一般平常所吃的料理，帶來不同的味蕾口感！

| 1人份量 | ½份醣份17.8g | ½份熱量302.4g | 膳食纖維 | 蛋白質 | 脂肪 |
|---|---|---|---|---|---|
| 400g | 總醣份35.6g | 總熱量604.7cal | 2.9g | 27.5g | 37.5g |

## 食材（3 人份）

豬小里肌肉350g

乾杏桃12顆

奶油50g

切碎的洋蔥160g

白酒100ml

雞高湯250ml

月桂葉1片

鮮奶油210g

切碎的新鮮芹菜葉或洋香菜粉
少許（裝飾）

## 作法

1. 將一整條豬小里肌肉均切為6塊。

2. 使用平底鍋，開中小火，放入一半的奶油，待奶油微起泡時，放入肉塊煎至兩面都熟。

3. 將肉塊放置碗盤中，蓋上錫箔紙備用。

4. 使用原鍋倒掉鍋內多餘的油脂，放入剩下的奶油及洋蔥、杏桃、月桂葉，小火拌炒至軟。

5. 轉中火，接著倒入白酒煮至沸騰，再加雞高湯，蓋上鍋蓋後轉小火燉煮至醬汁收乾至一半的量。加入鮮奶油拌炒均勻至湯汁稍微呈現濃稠感，放入肉塊，再蓋上鍋蓋文火燉煮10分鐘，取出肉塊及杏桃放置碗盤中。

6. 將鍋內的醬汁過濾掉雜質，再開中火稍微收一下醬汁使其變得濃稠，並倒在肉塊及杏桃上，且撒上切碎的新鮮芹菜葉或洋香菜粉即可享用。

Tips

烹煮的手續較為繁瑣，但只要按照步驟，豬小里肌肉會呈現軟嫩多汁，而醬汁則為濃郁，非常適合節慶時享用。

# 泰式蒜泥白肉

泰式蒜泥白肉在炎熱的夏天裡,是最能開胃的一道菜色。

這裡省去使用大塊豬五花川燙切片的繁瑣手續,讓料理的時間更快速,

只要調配好醬汁,一樣美味!

| 1人份量<br>192.5g | 總醣份<br>7.3g | 總熱量<br>629.7cal | 膳食纖維<br>3g | 蛋白質<br>25.2g | 脂肪<br>52.8g |
| --- | --- | --- | --- | --- | --- |

## 食材（2人份）

豬五花火鍋片250g

蒜末10g

碎花生米25g

新鮮檸檬汁15g

魚露20g

醬油15g（生酮飲食請改
用無糖醬油）

白醋15g

香菜15g

米酒1大匙

蔥末5g

## 作法

1. 準備一鍋滾水倒入米酒,沸騰時放入冷凍的肉
   片,川燙至熟馬上起鍋。

2. 將蒜末、花生米、新鮮檸檬汁、魚露、醬油、
   白醋混合均勻即為醬汁,把肉片瀝乾放在洋蔥
   或蘿蔓葉片上,再淋上醬汁、撒上香菜裝飾即
   可。

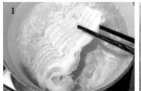

Tips

魚露是泰式料理中不可或缺的靈魂，可在其他較大型的量販店內購買Megachef的魚露，
口味最佳！

生酮版營養成分

| 1人份量 | 總醣份 | 總熱量 | 膳食纖維 | 蛋白質 | 脂肪 |
|---|---|---|---|---|---|
| 192.5g | 6.9g | 628.6cal | 3g | 25.4g | 52.8g |

# 紅麴腐乳肉

紅麴是對身體非常好的食材，這裡我們使用紅麴豆腐乳
來做這道上海著名的料理，更增添了濃郁的麴香，吃起來超級下飯！

| 1人份量 306.7g | 總醣份 5.6g | 總熱量 846.6cal | 膳食纖維 0.5g | 蛋白質 32g | 脂肪 71.6g |

## 食材（3人份）

帶皮豬五花肉300g+豬腹肉300g

紅麴腐乳50g

醬油45g（生酮飲食請改用無糖醬油）

米酒80g

水100ml

冰糖5g（生酮飲食請去除）

蔥段20g

薑片10g

蒜10g

## 作法

1. 在熱鍋內倒入食用油（食材外），放入薑片、蒜、蔥段，炒至香味出來。

2. 開中火，放入已清洗乾淨且擦乾的切塊豬五花和豬腹肉拌炒至變白。

3. 加入冰糖再炒至冰糖溶化且肉上色。

4. 倒入所有剩下的材料至鍋內，開大火滾後即轉小火，蓋鍋悶煮至湯汁快收乾即完成（中途可開鍋拌炒一下避免湯汁燒焦）。

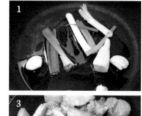

紅麴腐乳在一般有機店或大型量販店可以購買到，口味比一般豆腐乳來得更加濃郁。

生酮版營養成分

| 1人份量 | 總醣份 | 總熱量 | 膳食纖維 | 蛋白質 | 脂肪 |
|---|---|---|---|---|---|
| 305g | 3.9g | 840.2cal | 0.5g | 32g | 71.6g |

# 可樂肉醬

利用喝不完的可樂來料理滷肉的滷汁，

甜甜鹹鹹的味道非常下飯！

又可做成料理包，菜色不夠時是主婦們的秘密武器！

| 1人份量 | 總醣份 | 總熱量 | 膳食纖維 | 蛋白質 | 脂肪 |
|---|---|---|---|---|---|
| 400g | 13.8g | 408.5cal | 1.4g | 30g | 22g |

## ⌒ 食材（4 人份）

豬絞肉600g（或豬絞肉300g
＋手切豬五花細小條300g）

蒜末25g

紅蔥頭25g

薑片15g

八角2個

醬油45g

醬油膏15g

米酒60ml

可樂270ml

水540ml

## ⌒ 作法

1. 在熱鍋內倒入食用油，放入薑片、蒜、切碎的
   紅蔥頭、八角，炒出香味。

2. 放入豬絞肉炒至變白。

3. 倒入醬油、醬油膏，炒至均勻上色。

4. 倒入米酒、可樂、水，大火開滾後蓋上鍋蓋轉
   小火燉煮40分鐘，待湯汁稍收乾即完成。

Tips

如果時間足夠的話，不妨自己手切豬五花成細小條，更富油脂，口感更好！

# 波隆那肉醬

傳統的波隆那肉醬是完全不用新鮮蕃茄及混合豬絞肉來製作，

但是在義大利每一家都有自己不同的特殊手法。

這裡我們加入一半的豬絞肉能使肉醬的口感滋味更好，

而高湯是決定肉醬好吃的關鍵！可做成波隆那肉醬千層麵或是沾醬。

| 1人份量<br>312.5g | ½份醣份16.7g<br>總醣份33.3g | ½份熱量283.2cal<br>總熱量566.3cal | 膳食纖維<br>5.6g | 蛋白質<br>32.3g | 脂肪<br>31.9g |
|---|---|---|---|---|---|

## 食材（4人份）

豬絞肉300g＋牛絞肉300g

洋蔥末150g

新鮮蕃茄1顆

蕃茄Paste 250g

高湯75g（做法請見P94）

奶油25g

現磨玫瑰鹽適量

現磨黑胡椒適量

## 作法

1. 在平底鍋熱鍋後，倒入食用油（食材外）、豬絞肉、牛絞肉炒至出油變白。

2. 加入適量的現磨玫瑰鹽及黑胡椒拌炒一下。

3. 在燉煮鍋內放入奶油融化，並呈現表面起小泡泡狀態。

4. 放入洋蔥炒至變軟微焦化。

5. 倒入炒好的絞肉、新鮮蕃茄、高湯，拌炒均勻。

6. 加入蕃茄Paste，拌炒均勻蓋上鍋蓋轉小火燉煮至湯汁微收乾即可。

Tips

1. 經典的波隆那肉醬會配上寬扁麵，而不是細細的義大利麵，主要是能夠吃到更多的肉醬，也可以使用蝴蝶麵，讓孩子吃起來更開心！

2. 波隆那肉醬可冷凍保存，小袋分裝後標註食材名稱和日期，送入冰箱冷凍保存，想吃的時候非常方便！

cook more

# 波隆那肉醬佐洋芋片

周末的夜晚如果想放鬆，可在波隆那肉醬加入嗆辣的 Tabasco，

再放上滿滿的起司，不到 20 分鐘就能擁有一道邪惡的消夜！

| 1人份量 225g | ½份醣份22.3g 總醣份44.6g | ½份熱量326.3cal 總熱量652.7cal | 膳食纖維 3.3g | 蛋白質 24.6g | 脂肪 40.6g |

## 食材（2人份）

退冰的波隆那肉醬250g

pizza起司100g

洋芋片100g

Tabasco適量

## 料理方式

1. 準備Costco的Tortilla Chips。

2. 取一烤盤放入波隆那肉醬，加入自己喜好Tabasco 的份量。

3. 放上pizza起司。

4. 烤箱預熱200度10分鐘，烘烤20分鐘。

5. 表面呈現融化焗烤的金黃色，即可搭配Tortilla Chips享用。

# 小羊排、小羊肩排真空包

　　法式小羊排的肉質是所有羊肉種類中最細嫩好吃的，但是價格較高，份量較少。整塊的法式小羊排適合拿來料理餐宴型的佳餚，是市面上較難買到的選項。羊肩排的肉質帶有脂肪與些微的筋，用來煎、烤、燉煮都相當合適。

澳洲法式小羊排
真空包
**1529元/1kg**

澳洲小羊肩排
真空包
**729元/1kg**

## 分裝保存

### 切成適量分裝

　　小羊排、小羊肩排分裝保存相同。Costco澳洲小羊肩排真空包裝內有兩塊羊肩排，一塊可分為4份，切成8塊，可於冷凍前，先將包裝打開，擦拭去血水。切割時須注意骨頭的部位，順勢切下再放入密封袋中保存，並標註食材、日期、重量，平放冰箱冷凍保存。要料理的前一晚移到冷藏區自然低溫解凍。

**2～3週冷凍保存**　　**冷藏低溫解凍或以解凍節能板解凍**

## 美味關鍵

① 料理法式小羊排需注意骨頭背面有一層薄膜，須先將薄膜去除，不僅方便切塊，也會讓口感更好！
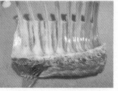

② 可放入喜愛的辛香料混合均勻送入冰箱冷藏醃製，料理時可快速上桌。

# 羊梅花里肌燒肉片

澳洲羊梅花里肌燒肉片可清燉、爆炒、油煎、碳烤、燒烤，用途十分廣泛！

澳洲羊梅花里肌燒肉片　**799**元/1kg

## 分裝保存

買回來時可將一大盒中的份量直接分裝為每次所需的用量。密封袋裡的肉片盡量平整擺放，不僅可減少冰庫中的使用空間，也可縮短解凍所需的時間，並標註上食材、日期、重量，平放冰箱冷凍保存。要料理前一晚移到冷藏區自然低溫解凍。

> 2～3週冷凍保存

> 冷藏低溫解凍或以解凍節能板解凍

## 美味關鍵

① 在料理前先將羊肉用辛香料抓醃一下，可以去除羊肉獨有的氣味。

② 可以使用醃漬檸檬與羊肉混合，更能使羊肉入味，而且不用再加鹽。

## Tips

Costco的羊肉種類非常多，不僅有羊排，也有燒肉片及火鍋薄片可選購，CP值很高！羊肉肉質與牛肉相似，但肉味較濃，和豬肉相較肉質又來得更加細嫩，但礙於羊肉有一股羶味，所以有些人不敢吃。羊肉是冬季進補，有益氣血的最佳溫熱補品，羊肉本身所含的必需胺基酸也均高於牛肉、豬肉和雞肉，更是異國料理中常用的肉品。

# 皇冠羊排

生酮
可食

看似複雜的皇冠羊排，作法很簡單！慶祝特別日子時絕對是一道驚艷料理！

使用法式芥茉籽醬及香料粉醃製，讓小羊排吃起來不僅風味更佳，

肉質細嫩的好口感絕對令人念念不忘！

| 1人份量 276g | 總醣份 1.6g | 總熱量 712.3cal | 膳食纖維 0.7g | 蛋白質 50.8g | 脂肪 54g |
|---|---|---|---|---|---|

## 食材（3人份）

澳洲法式小羊排1包（792g）

法式芥茉籽醬30g

麻繩數條

洋香菜粉½茶匙

蘿勒粉½茶匙

黑胡椒½茶匙

## 作法

1. 將一整塊的法式小羊排洗淨擦拭過血水後，使用叉子將肉正反兩面都戳洞，並均勻的抹上香料粉。

2. 去除肋骨上的薄膜後，從羊排的肋骨相間處切開（不要切斷）。

3. 將羊排翻至正面抹上法式芥茉籽醬。

4. 由反面開始將羊排整個捲起來，底部的部分可稍微切開好整型，再使用麻繩固定。

5. 將羊排放上烤盤，烤箱預熱230度10分鐘，烤20分鐘。

6. 將羊排取出，蓋上錫箔紙，把烤箱溫度調降至180度烤12分鐘即可。

Tips

法式小羊排的反面肋骨上有一層薄膜，記得一定要去除掉，不然無法順利切割羊排！

# 香草酥羊排

生酮
可食

美味的香草酥羊排是使用新鮮的香草及麵包粉製作，

建議新鮮的香草要具有巴西里，才能讓色澤更佳顯綠漂亮。

這裡使用各式新鮮香草及杏仁粉取代，一樣色香味俱全！

## 食材（2 人份）

澳洲小羊肩排一大塊（約600g）

法式芥茉籽醬15g

新鮮香草：蘿勒葉、百里香、迷迭香、巴西里50g（只取葉子）

烘焙用杏仁粉30g
（注意：不是喝的杏仁粉）

現磨黑胡椒適量

現磨玫瑰鹽適量

橄欖油少許

無鹽奶油5g

## 作法

1. 將一整塊的小羊肩排洗淨擦拭過血水後，使用叉子將肉正反兩面都戳洞，在正面沿著骨頭的方向劃三刀，並均勻的抹上現磨黑胡椒及玫瑰鹽，醃製1小時。

2. 取一平底鍋熱鍋後，倒入橄欖油將小羊肩排每面都煎至呈現微焦金黃色。

3. 烤箱預熱200度10分鐘，在小羊肩排放上無鹽奶油送入烤箱烤10分鐘。

4. 將小羊肩排均勻的刷上法式芥茉籽醬。

5. 使用食物調理機將杏仁粉及新鮮香草葉打碎。

6. 將小羊肩排均勻的抹上打碎混合好的新鮮香草、杏仁粉，放入烤箱烤8分鐘即可。

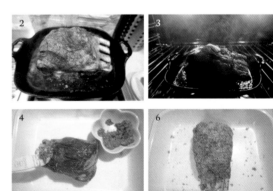

| 1人份量 | 總醣份 | 總熱量 | 膳食纖維 | 蛋白質 | 脂肪 |
|---|---|---|---|---|---|
| 352.5g | 12.8g | 992.1cal | 7g | 64.4g | 72.7g |

Tips

杏仁粉不是一般沖泡來喝的杏仁粉，而是使用烘焙用的杏仁粉，取代一般會使用的麵包粉，
生酮飲食的人就可享用。如果不是生酮者，也可直接使用麵包粉製作。

# 百里香烤羊排

生酮
可食

這道羊排富含豐富的香草氣味，可先行醃製放入冰箱使其入味，

隔天即便是沒有時間煮飯，只要直接放入烤箱烘烤，

就能變出一道美味的晚餐，是快速上菜的最佳選擇！

| 1人份量 335g | 總醣份 0.9g | 總熱量 902.7cal | 膳食纖維 1.6g | 蛋白質 57g | 脂肪 72.5g |
|---|---|---|---|---|---|

## ᔐ 食材（1人份）

澳洲小羊肩排2塊（300g）

奶油15g

新鮮百里香20g

現磨黑胡椒適量

現磨玫瑰鹽適量

## ᔐ 作法

1. 將一整塊的小羊肩排切割好，取要料理的份量，其餘的放入密封袋中冷凍保存。

2. 取兩塊已切割好的小羊肩排放入保鮮袋，加入百里香、奶油，混合均勻送進冰箱冷藏醃製。

3. 要料理之前，將小羊肩排取出自然退冰後，撒上現磨黑胡椒及玫瑰鹽按摩一下，放入已預熱200度10分鐘的烤箱，烤20分鐘左右即完成。

Tips

各家烤箱的溫度會有溫差，建議可先烤15分鐘再看是否需增加時間進行烘烤。

# 坦都里烤羊排佐洋蔥酸奶醬

坦都里烤羊排可說是每個印度家庭都會製作的美食！

香料是讓羊排好吃的秘訣，而經過長時間醃製過的羊排，不僅入味，

肉質會全熟但又不老，建議可搭配著烘烤過的餅皮一起吃會更加美味！

## 食材（2人份）

**醃製**

澳洲小羊肩排4塊（600g）

大蒜末10g

薑末5g

洋蔥半顆（切小塊）

酸奶90g

鹽½茶匙

孜然粉½茶匙

豆蔻粉½茶匙

白胡椒粉½茶匙

**酸奶醬**

酸奶90g

白醋15g

檸檬半顆

紅椒粉5g

烤好的洋蔥

## 作法

1. 將小羊肩排，以及醃製的食材全部放入密封袋中混合，並送入冰箱冷藏醃製2小時以上。

2. 將酸奶醬的食材混合好放入冰箱冷藏備用。

3. 要料理之前將小羊肩排取出退冰，取一鍋子將醃製食材的洋蔥倒入，並放上一小塊奶油（食材外）。

4. 取一烤架放在鍋上（烤架的下面為洋蔥），將小羊肩排放上去。

5. 將烤箱預熱190度10分鐘，把步驟4的鍋子送入烤箱，烤20分鐘後將洋蔥拌炒一下，羊肩排翻面繼續烘烤20分鐘。

6. 將羊肩排盛盤，並把烘烤過的洋蔥與酸奶醬拌勻一起搭配享用。

| 1人份量 | 總醣份 | 總熱量 | 膳食纖維 | 蛋白質 | 脂肪 |
|---|---|---|---|---|---|
| 512.5g | 22.5g | 959.2cal | 3.8g | 61.7g | 66.4g |

Tips

醃製的時間越長越能使羊排入味，建議可於前一晚放入冰箱冷藏會更加好吃！

生酮可食

# 香煎羊排佐蕃茄黃瓜酸奶醬

這道料理很簡單，在炎夏裡搭配清爽的小黃瓜與蕃茄製作沾醬，

能讓羊排增添清新爽口，因為沾醬還加入了新鮮的檸檬汁提味，

讓沒有食慾的人也會胃口大開喔！

| 1人份量 | 總醣份 | 總熱量 | 膳食纖維 | 蛋白質 | 脂肪 |
|---|---|---|---|---|---|
| 380g | 3.8g | 962.4cal | 0.5g | 57.5g | 78.1g |

## ∽ 食材（1人份）

澳洲小羊肩排2塊（300g）

奶油15g

現磨黑胡椒適量

現磨玫瑰鹽適量

**蕃茄黃瓜酸奶醬**

磨成泥的小黃瓜1條
（瀝乾水分後約40g）

蕃茄剁碎（去除水分後約20g）

酸奶180g

新鮮檸檬汁15g

現磨黑胡椒適量

現磨玫瑰鹽適量

## ∽ 作法

1. 將蕃茄黃瓜酸奶醬的食材全部混合均勻。

2. 將混合好的蕃茄黃瓜酸奶醬放置冰箱冷藏備用。

3. 將小羊肩排擦拭過多的血水後，在燒熱的鑄鐵牛排鍋中倒入少許橄欖油（食材外），轉中小火，並放入奶油。

4. 將小羊肩排兩面各煎約2分鐘。可將小羊肩排立起來，側面也煎一下。

5. 將小羊肩排靜置5分鐘，使其肉汁均勻。

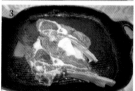

Tips

蕃茄與黃瓜盡量瀝乾水份再與酸奶混合，風味才會絕佳！否則沾醬的部分會有過多的水份而影響口感。

# 麻油羊肉飯

在冷冷的冬天最適合麻油料理了！做成麻油羊肉飯簡單又下飯！

薄薄的薑片噴香好入口，加入冰糖更能提升羊肉的風味。

已燒開的米酒沒有酒味，更去除羊肉特有的羶氣，是寒冷冬天的暖心料理！

| 1人份量 342.5g | ⅓份醣份25g 總醣份75g | ⅓份熱量326.5cal 總熱量979.5cal | 膳食纖維 1.2g | 蛋白質 27.4g | 脂肪 50.4g |

## 食材（2人份）

澳洲羊梅花里肌燒肉片250g

薑片50g

麻油50g

米酒150g

冰糖5g

洗淨瀝乾水份的米1米杯（180g）

## 作法

1. 將洗淨去皮的薑斜切成薄片。

2. 冷鍋放入麻油與薑片，開小火將薑片煸至微乾扁。

3. 放入澳洲羊梅花里肌燒肉片一起拌炒至羊肉變白。

4. 倒入米酒及冰糖一起煮滾（待冰糖完全融化即可）。

5. 將湯汁倒入已洗淨的米中（湯汁的高度會和平常煮飯的水位一致）。

6. 將剩下的薑片與燒肉片放在米上，再遵循平時煮白飯的程序一樣即完成。

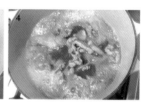

薑片切得越薄口感越好，加入一點冰糖能讓麻油羊肉飯滋味更棒，在吃之前也可淋上一點日式醬油，超級下飯！

生酮
可食

# 醃漬檸檬孜然羊肉中東風味

在法國某家中東餐廳無意間吃到這道菜,加入了葡萄乾與橄欖燉煮的羊肉,
讓料理更具特色與豐富的味蕾層次。可以搭配北非小米,更感覺置身於異國呢!

| 1人份量 | 總醣份 | 總熱量 | 膳食纖維 | 蛋白質 | 脂肪 |
|---|---|---|---|---|---|
| 226.7g | 16.4g | 351.7cal | 4.5g | 19.1g | 22.4g |

## 食材(3人份)

澳洲羊梅花里肌燒肉片300g

蒜末5g

薑末5g

洋蔥半顆

紅蘿蔔1根

醃漬檸檬3片

醃漬橄欖20g

葡萄乾20g

### 香料粉

肉桂粉½茶匙

紅椒粉½茶匙

荳蔻粉½茶匙

孜然粉½茶匙

白胡椒粉½茶匙

洋香菜粉1茶匙

## 作法

1. 將切塊的洋蔥與蒜末、薑末炒香。

2. 將澳洲羊梅花里肌燒肉片與醃漬橄欖、所有香料粉倒入一同拌炒至肉變白。

3. 放入切小塊的紅蘿蔔與醃漬檸檬、葡萄乾一起拌炒。

4. 加入冷水與食材平行,待滾後蓋上鍋蓋,轉小火燉煮約45分鐘即可。

1.使用辛香料能去除羊肉特有的氣味,加入醃漬檸檬不僅取代鹽的部分,更能使羊肉入味。

2.如果沒有北非小米（COUSCOUS）,建議與茉莉香米或泰國一般長米食用。

生酮可食

# 酪梨油檸檬蒜味烤羊肉串

這道料理使用Costco販售的酪梨油檸檬蒜味沙拉醬作為醃製的醬料。

獨特的香氣在烤好食用前，再擠上一點黃檸檬更加爽口清新，

建議可搭配新鮮的蘿蔓葉一起食用，吃起來更沒有負擔！

| 1人份量 180g | 總醣份 5.8g | 總熱量 451.8cal | 膳食纖維 0.3g | 蛋白質 25.7g | 脂肪 37g |
|---|---|---|---|---|---|

## 食材（2人份）

澳洲羊梅花里肌燒肉片300g

蒜末10g

黃檸檬半顆

酪梨油檸檬蒜味沙拉醬30g

## 作法

1. 將澳洲羊梅花里肌燒肉片與酪梨油檸檬蒜味沙拉醬、蒜末、半顆黃檸檬汁一起醃製8小時以上。

2. 用烤肉串將澳洲羊梅花里肌燒肉片串起來，放入已預熱190度10分鐘的烤箱內，烘烤30分鐘即可。

*Tips*

澳洲羊梅花里肌燒肉片呈現燒烤的顏色就代表完成，如果顏色不夠可自行增加烘烤的時間。

Chapter2

# 海鮮好食

# 鮭魚

Costco的鮭魚肥美又新鮮，是明星商品！無論要用什麼手法來料理，都非常美味且價格划算。鮭魚屬於深海魚，而所含的Omega-3脂肪酸不僅可以降血壓、三酸甘油脂，也能預防中風及保持血管彈性，是很好的蛋白質及深海魚油來源，也是生酮飲食的好選擇！

Costco的鮭魚有各種不同部位，可以依照個人喜好及料理需求選購。其中CP值最高的就是空運鮭魚切片，買回來後可先將鮭魚切片做適當的分裝，讓料理更方便！

空運新鮮鮭魚切片 **489**元/1kg

## 挑選

空運鮭魚切片在挑選時，可目測魚肉上的白色條紋是否明顯，肉質呈現漂亮的橘粉紅色，紋路越明顯的代表肉質更豐腴美味。倘若肉質呈現凹陷狀態，也沒有彈性的感覺，就代表不新鮮。

## 分裝保存

### ① 魚肉對切開分裝

Costco買回來的鮭魚切片比一般市面上看到的鮭魚切片來得厚實，如果一次吃不完這麼大片的鮭魚，建議可以從鮭魚中間對切開來再進行分裝保存，對於單身者及小家庭在食材的運用上，可以更精準且不浪費！

2～3週冷凍保存　　冷藏低溫解凍或以解凍節能板解凍

## ② 分片小袋包裝

鮭魚可分片包裝，裝進密封袋，並在密封袋上標註好日期及食材名稱，以利於食用上保鮮的掌控，平放冰箱冷凍保存。冷藏的新鮮鮭魚建議隔天就食用完畢，買回來直接進行分裝好入冷凍的鮭魚可存放2～3週。

> 2 ～ 3週冷凍保存　　冷藏低溫解凍或以解凍節能板解凍

## 美味關鍵

① 鹽麴與鮭魚超級搭！在鮭魚上放鹽麴入烤箱一起烘烤，單純調味更能吃出鮭魚的甘甜。

② 鮭魚因為油脂多，所以在料理的時候不需要太多油，只要小火慢慢的煎熟即可，魚肉比較不會燒焦。

③ 烹調方式可以使用烘焙紙將魚肉包起來料理，能保留食材最天然的鮮味！

# 鹽趜烤鮭魚

生酮
可食

鹽趜是日本媽媽的魔法調味品，只要加了鹽趜就能帶出食材的鮮甘甜，

單純的與新鮮肥美的鮭魚搭配，讓大小朋友都愛不釋手！

如果晚餐不知道要吃什麼？就來道鹽趜烤鮭魚吧～～

| 1人份量 90g | 總醣份 0.1g | 總熱量 132.1cal | 膳食纖維 0g | 蛋白質 20.3g | 脂肪 5g |
| --- | --- | --- | --- | --- | --- |

## 食材（3人份）

鮭魚切片整塊（約250g）

日本鹽趜20g

蔥絲少許

## 作法

1. 將洗淨拭乾的鮭魚放置烤盤中。

2. 將鹽趜均勻的覆蓋在鮭魚朝上的那面。

3. 烤箱預熱190度10分鐘，將鮭魚放入最上層烘烤 25 ～ 30分鐘，完成後撒上蔥絲裝飾。

1. 鹽趜的使用非常廣泛，可以料理魚、肉，或是炒青菜，來取代部分的調味料與鹽，是廚房
   必備的秘密武器之一。
2. 市售鹽趜有不含糖的，也可以自己做鹽趜。如果時間足夠，可將抹好鹽趜的鮭魚放置冰箱
   中，冷藏一夜使其入味。若沒有時間，直接塗抹烘烤一樣好吃。

生酮
可食

# 香檸法式紙包魚

紙包魚來自義大利的威尼斯，使用熱氣循環的原理，不僅能維持魚肉的香氣，

更能顯出肉質的細嫩，蔬菜的營養價值也完全鎖在裡面，汁液更不會流失！

紙包魚打開的瞬間是滿滿的大海氣息，超級簡單又健康美味！

| 1人份量 | 總醣份 | 總熱量 | 膳食纖維 | 蛋白質 | 脂肪 |
|---|---|---|---|---|---|
| 325g | 6.4g | 433.4cal | 2g | 62.6g | 15.1g |

## 食材（1人份）

鮭魚250g

甜椒50g

蒜頭4瓣

醃漬檸檬2片

蔥花少許

烘焙紙

訂書機

## 作法

1. 取一張A4大小的烘焙紙，將切成條狀的甜椒放上一半的份量，再放上清洗好擦拭乾的鮭魚，再放剩下的甜椒、蒜頭及醃漬檸檬。

2. 將烘焙紙對折包起，兩邊同樣稍微折起如糖果包裝，再使用訂書機固定，使食材完整包覆在烘焙紙內。

3. 烤箱預熱200度10分鐘，將紙包魚放入烤箱烘烤15分鐘即可。

Tips

使用烘焙紙烹調魚肉，最能品嚐到食材的天然美味，包法有很多種，只要注意固定好，避免
烘烤過程中湯汁流出就可以了。

# 花椰菜鮭魚白醬義大利麵

簡單好吃的白醬義大利麵是小朋友的最愛，使用最單純的調味料理，

滿滿的奶香配上營養多多的鮭魚，保證吃得健康又安心！

| 1人份量<br>630g | ¼份醣份24.9g<br>總醣份99.6g | ¼份熱量286.6cal<br>總熱量1146.5cal | 膳食纖維<br>5.2g | 蛋白質<br>85.5g | 脂肪<br>41.7g |

## 食材（1人份）

鮭魚250g

自製白醬150g（作法請見 P156）

花椰菜100g

奶油10g

義大利麵225g（生酮飲食請改成蒟蒻麵）

現刨帕瑪森起司適量

現磨黑胡椒適量

現磨玫瑰鹽適量

## 作法

1. 將清洗好擦拭乾的鮭魚雙面抹一點鹽（食材外），放入已預熱190度10分鐘的烤箱內烘烤20分鐘。

2. 將烤好的鮭魚去刺備用。

3. 煮滾一鍋熱水，倒入少許橄欖油、鹽（食材外），用傘狀的方式下義大利麵煮至8分熟，取出備用。

4. 準備另一鍋子放入白醬加熱。

5. 放入花椰菜、義大利麵、鮭魚、奶油，悶煮一下即完成，再依個人喜好增添現磨黑胡椒、玫瑰鹽及現刨帕瑪森起司。

**Tips**

白醬冷卻後會變得較濃稠，可隨時增加牛奶稀釋，再添加鹽及胡椒即可。

義大利麵換成蒟蒻麵

| 1人份量 | ½份醣份10.2g | ½份熱量394.1cal | 膳食纖維 | 蛋白質 | 脂肪 |
|---|---|---|---|---|---|
| 630g | 總醣份20.4g | 總熱量788.1cal | 13.1g | 70.2g | 40.3g |

鮭魚料理　155

# 自製萬用白醬

香濃純的經典基礎白醬，是冰箱冷凍庫中常備的用料，

簡單的白醬可以做成濃湯、義大利麵，或是焗烤。

這款白醬的原物料很單純，就連 1 歲以上的寶貝都可食用！

## 食材

低筋麵粉40g

奶油40g

牛奶400g（不想要太濃稠
可增加牛奶的份量）

現磨黑胡椒（依個人口味
自行增減）

現磨玫瑰鹽（依個人口味
自行增減）

## 料理方式

1. 取一小鍋，將奶油放入鍋內，小火加熱至完全
   融化。

2. 熄火，並分兩次加入麵粉迅速攪拌，直到麵粉
   與奶油完全融合，開小火一樣持續攪拌至起泡，
   熄火。

3. 分兩次加入牛奶持續攪拌（不用擔心過程中會
   結塊），只要持續攪拌就能完全融合。

4. 持續攪拌至完全融合且呈現絲綢狀即完成。

5. 可依個人口味自行增減鹽及黑胡椒的份量。

> 基礎白醬的比例：低筋麵粉 1：奶油 1：牛奶 10。如果想要大量製作，可以待冷卻後再
> 分裝至密封袋中。

| 總份量 | 20g醣份2.1g | 20g熱量29.2cal | 膳食纖維 | 蛋白質 | 脂肪 |
|---|---|---|---|---|---|
| 480g | 總醣份51.5g | 總熱量701.8cal | 1.5g | 15.9g | 48g |

Tips

1. 白醬的製作非常簡單，只要注意奶油及麵粉在拌炒的過程中不要燒焦。如果擔心燒焦的話，可以隨時將鍋子離火攪拌。

2. 冷藏或冷凍後所解凍的白醬，會有結塊的狀況產生，只要加熱並持續攪拌就會變滑順。

3. 當白醬變得過度濃稠時，可隨時增添牛奶、鮮奶油或高湯攪拌稀釋。

# 香煎鮭魚佐時蔬

生酮
可食

鮭魚的烹飪手法可以煎煮燒烤，但是要怎麼煎出漂亮的魚肉又不沾黏？
好食材很重要，Costco的鮭魚比一般市面上販售的來得厚0.5公分，
是最適合煎魚料理的好選擇！

## 食材（2人份）

鮭魚500g

各類蔬菜50g

蒜頭2瓣

胡椒鹽少許

奶油10g

現磨玫瑰鹽少許

檸檬1片

## 作法

1. 將鮭魚清洗乾淨，從中間對切開來分為兩片，並使用餐巾紙拭乾，雙面撒上些許玫瑰鹽。

2. 確認油鍋是否已達熱度，再刷上少許的橄欖油（食材外）。

3. 轉小火將鮭魚慢煎至呈現金黃色，過程不要一直翻動，反而會讓魚肉沾鍋。

4. 確認單面呈現漂亮金黃色時，及魚肉一半已變白，即翻面再煎。

5. 將鮭魚各面包含魚皮都煎至呈現漂亮的金黃色，搭配胡椒鹽，並擠上檸檬汁。

6. 將奶油與蒜頭爆香，放入各類蔬菜悶煮至熟，即可與鮭魚一同享用。

| 1人份量 | 總醣份 | 總熱量 | 膳食纖維 | 蛋白質 | 脂肪 |
|---|---|---|---|---|---|
| 285g | 1.9g | 444.3cal | 0.8g | 61.7g | 19.2g |

Tips

1. 魚肉要確實用餐巾紙沾乾水份,並確認油鍋已夠熱,刷上少許的橄欖油可防止沾黏。鮭魚本身油脂豐富,不需太多油,下鍋小火慢煎,可使魚肉不易燒焦。

2. 煎的過程當中不要翻動魚身,否則易沾鍋且造成魚肉、魚皮脫離。

# 波菜鮭魚鹹派

當你學會自己做派皮時，任何的餡料都可以成為獨一無二的法式鹹派！

在做鹹派時請避免使用會出水的蔬菜，若要用波菜這類的蔬菜，

一定要記得先燙過把水份去除才可放入派中。

| 1人份量 | | | | | |
|---|---|---|---|---|---|
| 241.3g | ½份醣份25.6g 總醣份51.1g | ½份熱量322.1cal 總熱量644.2cal | 膳食纖維 2.3g | 蛋白質 24.7g | 脂肪 36.6g |

## ∾ 食材（4 人份）

酸奶20g

鮮奶油60g

奶油15g

全蛋1顆

蛋黃1顆

波菜取葉的部分100g

鮭魚250g

荳蔻粉½茶匙

洋香菜粉½茶匙

鹽1茶匙

## ∾ 作法

1. 將鮮奶油、酸奶、全蛋、蛋黃、荳蔻粉、洋香菜粉、鹽全部攪拌均勻。

2. 將波菜用滾水燙一下，使用濾網將水濾除壓乾。

3. 放入奶油，用小火將鮭魚煎熟。

4. 將鮭魚去除魚刺及魚皮，切碎。

5. 將濾乾水份的波菜、去除魚刺的鮭魚與攪拌好的奶醬混合均勻。

6. 將混合好的餡料平均倒入已烤好的派皮中，放入已預熱180度10分鐘的烤箱中烘烤25分鐘。

## 波菜保存法

波菜如果買回來沒有在3天內食用完，葉菜的部分很快就會腐爛。如果想要保存時間拉長，可以將購買回來的波菜，先清洗好滾水燙一下，瀝除水份，待完全冷卻後，放入冷凍庫中可保存一星期。波菜運用在義大利麵或鹹派這類料理時，完全不會影響口感，但不可使用在涼拌或炒的料理上，會不好吃！

Tips

1.鮭魚可使用無刺的鮭魚菲力就不用除刺，也可使用烤箱190度烤20分鐘替代煎的部分（用煎的較快，鮭魚較香；用烤的較慢，但無油煙，視個人方便）。

2.波菜請務必將水份去除。

3.奶醬部分請確實混合均勻以避免影響口感。

# 自製派皮

## 食材

中筋麵粉或低筋麵粉250g

鹽5g

冰無鹽奶油120g

冰水60g

蛋液少許

十吋派皮模具一個

## 料理方式

1. 準備一個大的器皿,將麵粉過篩加入鹽,再將切成1公分大小的正方形冰奶油放入麵粉中。

2. 將冰奶油與麵粉搓成沙狀後,中間挖一個洞,倒入冰水。

3. 用覆蓋的方式將麵糰成型,勿攪拌使其出筋,成糰後使用保鮮膜包覆起來,放入冰箱鬆弛至少半小時。

4. 取出麵糰後,使用擀麵棍擀成比派皮模再大一點,再小心的將整個麵糰放上去派模。

5. 使用擀麵棍將周邊多餘的派皮去除,或是直接將派皮捏高一點也可以。再使用叉子在派皮上插洞,放入冷凍庫中1小時或冷藏3小時。

6. 烤箱預熱180度10分鐘,在派皮上放烘焙紙後,再平均的倒入烘焙石(可使用紅豆或綠豆取代),放入烤箱中層烘烤10分鐘。

7. 將派皮取出,把烘焙紙及烘焙石整個拿起來,在派皮刷上蛋液(此動作可避免在倒入餡料時流出),再放回烤箱烤15分鐘。

8. 派皮完成不需脫模,可直接倒入餡料烘烤,再一併脫模即可。

1.麵粉若使用低筋麵粉，做出來比較酥鬆，也可使用低筋、高筋各半。

2.冰奶油與麵粉搓成沙狀時，注意手盡量不要碰到奶油，用麵粉去包覆奶油來進行。

3.烘焙石（可使用紅豆或綠豆取代），是避免派皮在烘烤過程中鼓起來。

4.做好的麵糰可放入冷凍庫中保存3個月，也可在烘烤派皮待完全冷卻時放入冷凍庫中保存1個月。

| 總份量 | 50g醣份21.5g | 50g熱量202.6cal | 膳食纖維 | 蛋白質 | 脂肪 |
|---|---|---|---|---|---|
| 445g | 總醣份191.6g | 總熱量1803cal | 5g | 22.2g | 103.2g |

# 酸奶芥茉籽烤鮭魚

生酮
可食

簡單又好吃的酸奶芥茉籽烤鮭魚，拿來宴客也會是大受好評的一道菜色！

不僅烘烤出來漂亮，前置作業的準備時間少，又不會有油煙的煩惱！

混合新鮮現磨的帕瑪森起司一起做為醬料，是增添口感層次的秘密武器。

| 1人份量 295g | 總醣份 4.4g | 總熱量 483.4cal | 膳食纖維 0g | 蛋白質 66.5g | 脂肪 20.4g |
|---|---|---|---|---|---|

## 食材（1人份）

鮭魚250g

芥茉籽醬10g

現磨帕瑪森起司10g

酸奶25g

蔥花少許

## 作法

1. 取一烤盤，放上烘焙紙，刷上薄薄一層橄欖油（食材外）。

2. 將清洗好拭乾的鮭魚放上烤盤。

3. 將芥茉籽醬、現磨帕瑪森起司、酸奶混合均勻，在鮭魚上面塗上厚厚的一層醬料。

4. 放入已預熱190度10分鐘的烤箱中層烘烤約20分鐘，再放上蔥花即完成。

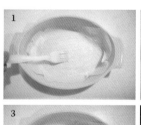

Tips

如果沒有新鮮現磨的帕瑪森起司，也可用一般的帕瑪森起司替代。

# 帶尾特大生蝦仁

　　Costco的帶尾特大生蝦仁沒有泡過藥水，每一尾皆已去殼及蝦泥，並保留蝦尾的部分。以急速冷凍的方式讓蝦仁保持新鮮，是最大的特色，料理時會更方便順手，是懶人主婦的好幫手！購買的時候建議最後再去冰庫中拿取一整包的冷凍蝦仁，並請記得帶保冷購物袋，可於販售Pizza的櫃台索取冰塊，將冰塊放入保冷袋，以確保蝦仁維持最佳的冷凍狀態。

科克蘭帶尾特大生蝦仁 **485**元/袋裝

## 分裝保存

購買回來的蝦仁不用進行另外的分裝，請盡速放置冷凍庫中保存。如果解凍後應立即料理，不可再次冷凍，避免蝦仁的品質受到影響。進行解凍時可放置冷藏室低溫解凍，才能保有蝦仁的甜味。

2～3週冷凍保存　　冷藏低溫解凍或以解凍節能板解凍

## 美味關鍵

蝦子如果與一些醬料醃製料理，在煎的時候會有醬汁，此時要使用中大火，讓醬汁包裹住蝦子，口感會更好！

# 北海道干貝

　　Costco的生食等級北海道干貝品質優良，每粒都很肥美巨大，以份量及價格來說相當划算！另外急速冷凍的保存法也是維持干貝品質的重點之一，可以吃到最佳的鮮度與甜味。購買的時候一樣最後再去冰庫中拿取一整包的北海道干貝，並請記得帶保冷購物袋，可於販售Pizza的櫃台索取冰塊，將冰塊放入保冷袋，以確保干貝維持最佳的冷凍狀態。

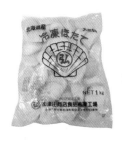

北海道干貝 **1359**元/1kg

### 分裝保存

購買回來的北海道干貝也不用另行分裝，請盡速放置冷凍庫中保存，料理前取出需要的份量。進行解凍時可於前一晚移至冷藏室中低溫解凍，才能保有干貝的鮮甜不流失。

`2〜3週冷凍保存`　`冷藏低溫解凍或以解凍節能板解凍`

### 美味關鍵

在料理干貝之前記得要擦乾水份，下鍋後干貝有些微縮的時候再撒鹽，干貝原汁原味才不會打折。

請用酪梨　生酮可食

# 芒果蝦沙拉

夏天是芒果的季節，當沒食慾時，最適合來道開胃又快速的芒果蝦沙拉！

不僅有蛋白質、大量蔬菜，還有富含維他命C，絕對令人食指大動！

| 1人份量 380g | 總醣份 20.2g | 總熱量 349.5cal | 膳食纖維 4.1g | 蛋白質 22.6g | 脂肪 19.6g |
|---|---|---|---|---|---|

## 食材（2人份）

生菜150g

洋蔥切細條50g

法式油醋芥茉籽醬30g

檸檬半顆

燙好的蝦120g（約8隻大蝦）

芒果1個250g（生酮飲食可改用酪梨）

蕃茄切塊50g

核桃30g

feta起司半盒

## 作法

1. 準備好法式油醋芥茉籽醬。

2. 將生菜清洗乾淨，並用冰塊水冰鎮5分鐘，再徹底瀝乾。

3. 將feta起司（含盒內油）倒入生菜中攪拌。

4. 將剩下的食材倒入和生菜拌一下，最後擠上檸檬汁即可享用。

## Tips

1.生菜使用冰塊水冰鎮一下,可使生菜更脆綠,口感更佳!
2.醬汁在食用時再淋上,可避免生菜變軟。
3.生酮飲食請注意芒果食用份量,避免破酮或達標,也可直接改用酪梨。

生酮版營養成分

| 1人份量 | 總醣份 | 總熱量 | 膳食纖維 | 蛋白質 | 脂肪 |
|---|---|---|---|---|---|
| 380g | 12.2g | 387.2cal | 7.8g | 24.1g | 25.4g |

# 洋香菜大蝦佐莎莎醬

自己做的莎莎醬吃起來健康又清新，加上鮮甜的洋香菜大蝦，整個食慾大開！

可搭配較硬口感的麵包做為前菜，或宴客時的料理，都會賓主盡歡！

| 1人份量 357.5g | 總醣份 16.9g | 總熱量 395.4cal | 膳食纖維 4.6g | 蛋白質 24.3g | 脂肪 24.3g |

## ∽ 食材（2人份）

**莎莎醬**

蕃茄半顆（切碎）

洋蔥⅓顆（切碎）

黃椒⅓顆（切碎）

青椒⅓顆（切碎）

橘椒⅓顆（切碎）

新鮮檸檬汁10g

初榨橄欖油30g

巴薩米克醋10g

新鮮巴西里切碎10g

Tabasco適量

現磨黑胡椒適量

現磨玫瑰鹽適量

**洋香菜大蝦**

大蝦12隻（200g）

蒜末10g

奶油15g

洋香菜粉5g

## ∽ 作法

1. 將蕃茄半顆切碎，使用濾網將水份瀝掉。

2. 將莎莎醬的食材全部混合起來備用，Tabasco、現磨黑胡椒與玫瑰鹽可依個人喜好增減。

3. 熱鍋，將奶油放入至融化，倒入蒜末炒一下。

4. 將清理好的大蝦放入鍋中。

5. 開中大火將蝦子煎至熟，並撒上洋香菜粉即完成。

Tips
蕃茄、洋蔥、黃椒、青椒、橘椒切得越碎口感越好，可使用食物調理機會更方便！

# 酪梨蝦墨西哥捲餅

吃不完的莎莎醬可以拿來夾在三明治中，或墨西哥餅皮裡，結合酪梨與鮮蝦，

不論是當早餐或是和家人朋友外出野餐的輕食都很適合，看起來漂亮又美味！

| 1人份量 340g | ½份醣份14.3g 總醣份28.6g | ½份熱量217.6 cal 總熱量435.2cal | 膳食纖維 7.6g | 蛋白質 24.6g | 脂肪 21.7g |
| --- | --- | --- | --- | --- | --- |

## 食材（2人份）

墨西哥餅皮2片

Havarti起司2片

蝦子8隻

奶油10g

洋香菜粉5g

酪梨1個

自製莎莎醬適量

## 作法

1. 將酪梨對半切開，去皮去核。

2. 將一半的酪梨切片，另一半的酪梨壓成泥與自製莎莎醬混合均勻。

3. 在平底鍋內放入奶油，再倒入蝦子，開中大火將蝦子煎至熟。

4. 再撒上洋香菜粉。

5. 預熱烤箱180度10分鐘，將Havarti起司平均放在墨西哥餅皮上，入烤箱烘烤3～5分鐘。

6. 將烤好的墨西哥餅皮上各放入已融合的酪梨莎莎醬、切片的酪梨、4隻蝦子，再捲起來即完成。

Tips

墨西哥餅皮不需要烤太久,以免焦掉。Havarti起司很容易融化,所以烘烤時間要稍微控制
一下,不宜過長。

蝦&干貝料理　173

# 蜂蜜蒜香蝦佐酪梨長棍

蜂蜜及蒜的香氣與醬油混合非常搭，配上清爽的酪梨檸檬泥，

不僅製作起來簡單，且非常適合當作Party的小點，或是餐前菜、下午的點心。

酪梨因為加入了檸檬汁，可防止氧化變黑，不用擔心做好沒有馬上吃而影響美觀。

## 食材（4人份）

蜂蜜10g

醬油10g

蒜末10g

奶油10g

檸檬汁10g

蝦120g（約8隻大蝦）

酪梨1個

初榨橄欖油10g

鹽¼茶匙

檸檬汁10g

洋香菜葉¼茶匙

現磨黑胡椒少許

長棍麵包1個

新鮮薄荷葉少許

## 作法

1. 將蜂蜜、醬油、蒜、檸檬汁混合均勻。

2. 將調好的醬汁與清理過的蝦子混合醃製備用。

3. 將酪梨去皮去籽，與初榨橄欖油、鹽、黑胡椒、洋香菜葉、檸檬汁混合壓成泥，備用。

4. 將長棍麵包斜切分為8片（烤箱回烤一下）。

5. 在平底鍋內放入奶油，再倒入已醃製好的蝦子，開中大火將蝦子煎至熟並雙面均勻裹上醬汁。

6. 在烤好的長棍麵包放上已調配好適量的酪梨泥，再放上一隻蝦子，並撒上新鮮薄荷葉即完成。

| 1人份量 | ½份醣份18.8g | ½份熱量169.2cal | 膳食纖維 | 蛋白質 | 脂肪 |
|---|---|---|---|---|---|
| 210g | 總醣份37.5g | 總熱量338.4cal | 5g | 14.6g | 13.2g |

Tips

蝦子在剛煎的時候會有很多醬汁,所以要使用中大火,盡量將蝦子在鍋內均勻附著上醬汁,才會有燒烤的口感。

# 鍋巴蝦仁干貝

號稱天下第一菜的鍋巴蝦仁是江蘇的名菜，我們加入巨大干貝使其海味更佳濃郁。

傳統的作法須將鍋巴用高溫油炸的方式，這裡使用烤箱可達到同樣效果，卻更健康！

尤其倒下餡料的那一刻會聽到滋滋作響的聲音，在家也能感受到上館子的樂趣！

| 1人份量 270g | ½份醣份25.6g 總醣份51.2g | ½份熱量278.2cal 總熱量556.4cal | 膳食纖維 0.5g | 蛋白質 57.6g | 脂肪 12.5g |
| --- | --- | --- | --- | --- | --- |

## 🍃 食材（2 人份）

市售鍋巴100g

大蝦子5隻

干貝5個

鹽½茶匙

米酒10g

醬油10g

香油5g

高湯150g（作法請見P94）

薑片3片

蒜頭拍碎3顆

青江菜1株

蔥段2根

## 🍃 作法

1. 開中火，將薑片、蒜頭爆香。

2. 加入蔥段炒出氣味。

3. 加入高湯煮滾5分鐘。

4. 取一炒鍋熱鍋後，放入一片薑片爆香（食材外），加入切對半的干貝、蝦子拌炒，放鹽、米酒、醬油，大火快炒後倒入剛剛的高湯鍋中。接著放入青江菜，開大火使其湯汁稍微收乾，倒入香油拌炒一下即完成。

5. 烤箱預熱180度10分鐘，將鍋巴烤10分鐘。

6. 在鑄鐵鍋中放入烤好的鍋巴，上桌前再倒入已煮好的餡料，湯汁倒下去的時候會聽到滋滋作響的聲音。

Tips

市售的鍋巴在一般大型量販店即可買到，非常方便！

# 奶油嫩煎干貝佐法式白醬

如果吃膩了乾煎干貝，不妨試試這道使用自製白醬來料理的嫩煎干貝。

濃郁又有檸檬香氣的口感，可當作配菜或前菜，搭配長棍麵包沾著醬汁吃，

或是拌入義大利麵，小朋友都會吃光光喔～～

## 食材（2人份）

干貝8個

蒜末10g

檸檬半顆

奶油10g

現磨黑胡椒適量

現磨玫瑰鹽適量

自製白醬30g（作法請見P156）

鮮奶油30g

新鮮薄荷葉少許

## 作法

1. 取一小鍋，倒入自製白醬、鮮奶油加熱，攪拌均勻備用。

2. 取一平底鍋，熱鍋放入奶油及蒜末炒香。

3. 開中火，放入干貝，煎至干貝有點縮小就撒上現磨黑胡椒及玫瑰鹽，兩面呈現微焦金黃色即可取出備用。

4. 使用原鍋，倒入步驟1的一半醬汁，使其煮滾，熄火。

5. 確認好濃度是否為絲綢狀（若太稠可開火，並加入牛奶再調稀，再擠入半顆檸檬汁攪拌均勻。

6. 在盛盤的干貝上倒下醬汁，並撒上新鮮切碎的薄荷葉即完成。

| | 總醣份 | 總熱量 | 膳食纖維 | 蛋白質 | 脂肪 |
|---|---|---|---|---|---|
| 1人份量<br>175g | 24.7g | 473.8cal | 0.5g | 71.2g | 10.2g |

Tips

干貝記得一定要擦拭掉多餘的水份再下鍋，見干貝有點微縮時再下鹽，可保留干貝的原汁。

# 鯛魚

　　Costco的鯛魚不論是色澤與新鮮度都很優質,目前所販售的鯛魚比一般通路來得厚實與大片,且真空包裝。鯛魚其實就是吳郭魚、台灣鯛,取吳郭魚兩側最肥美無刺的魚肉,讓主婦在料理時不僅更為方便,也不用擔心孩子會吃到魚刺,是做副食品的好幫手!

　　在購買時請記得攜帶保冷袋,並於Pizza櫃檯向服務人員索取冰塊,將冰塊放入保冷袋,以確保新鮮,品質不受影響。

鯛魚背肉 **415**元/1kg

**分裝保存**

*1* 分袋保存

　　一大盒的鯛魚背肉包裝裡面有3份真空包裝,而一份真空包裝裡會有2～3條鯛魚片,購買回來就可以直接拆除外包裝盒,並在單一真空包裝上標註食材名稱、日期,送入冷凍庫中保存。
未打開的真空包裝鯛魚片,可放置冷凍保存1個月,料理前一晚移至冷藏區低溫解凍。

約1個月冷凍保存　冷藏低溫解凍或以解凍節能板解凍

**單片分裝**

如果一次無法食用完畢，也可以趁剛買回來時也許有稍微退冰的狀況，將真空包裝打開，輕輕的扳開鯛魚，將鯛魚分成單片放進冷凍密封袋中，擠出空氣，並在密封袋上標示日期、食材名稱，送進冰箱平放冷凍保存，料理前一晚移至冷藏區低溫解凍。

已打開而另行使用密封袋冷凍保存的鯛魚片，請盡速在兩個星期內食用完。

2～3週冷凍保存　　冷藏低溫解凍或以解凍節能板解凍

**美味關鍵**

鯛魚洗淨擦乾切塊後，裹上一層蛋液，可取代粉類的功用，在鯛魚煮熟後有定型的效果。

料理鯛魚時可加入奶油，除了增加香氣外，鯛魚也會更美味！可在鯛魚煎好一面後再放入奶油，避免魚肉表面燒焦而魚肉不熟的情形發生。

# 南瓜鯛魚豆腐煲

這道南瓜鯛魚豆腐煲連開始吃副食品的寶寶也可以一起享用！

使用栗子南瓜更能顯得香甜。鯛魚無刺，媽媽不用擔心魚刺問題。

鯛魚清洗乾淨擦乾再切成小塊，運用蛋液來取代粉類，會更加健康！

| 1人份量 397.5g | ½份醣份19.6g 總醣份39.1g | ½份熱量191.4cal 總熱量382.8cal | 膳食纖維 7.3g | 蛋白質 26.5g | 脂肪 10.8g |
| --- | --- | --- | --- | --- | --- |

## 食材（2 人份）

鯛魚一片（切丁，約200g）

栗子南瓜¼個

豆腐半盒

蛋黃1個

薑1片

蒜1瓣

醬油½茶匙

鹽¼茶匙

有鹽奶油5g

米酒10c.c.

蔥花少許

## 作法

1. 取一燉鍋，開中火，放入奶油及蒜末炒香，再放切塊的南瓜，稍微拌炒一下。倒入過濾水蓋過南瓜的量，水滾後即轉小火，蓋上鍋蓋悶煮至軟爛。

2. 將鯛魚洗淨擦乾切小塊，加入鹽、米酒、蛋黃，混合抓勻。

3. 取一平底鍋，刷上一層食用油（食材外），放入薑將鯛魚煎至金黃，不需熟透，備用。

4. 將步驟1蒸熟的南瓜攪拌均勻，放入切小塊的豆腐，倒入醬油輕輕攪拌。

5. 放入煎好的鯛魚，待滾時蓋上鍋蓋悶煮1分鐘即可，上桌前可撒上蔥花裝飾。

鯛魚很容易在熟的時候碎掉，裹上一層蛋黃液可使其定型，又可取代粉類。

# 阿拉斯加炸魚佐塔塔醬

某次收到從阿拉斯加帶回來的炸魚粉，烹調過後覺得實在太特別了！而且好好吃！

因為裡面竟然加了椰子粉。在這裡和大家分享自己調整過後較簡易的作法，

帶有椰子淡淡的香氣，真的很令人驚艷呢！

## 食材（3 人份）

鯛魚兩片約350g

低筋麵粉50g

椰子粉50g

蛋1顆

現磨黑胡椒適量

現磨玫瑰鹽適量

### 塔塔醬

洋蔥25g

酸黃瓜4條

優格50g

酸奶50g

現磨黑胡椒適量

## 作法

1. 將鯛魚切大塊，均勻的抹上現磨黑胡椒及玫瑰鹽靜置一下。

2. 將鯛魚裹上全蛋液。

3. 將低筋麵粉及椰子粉混合均勻，把裹上蛋液的鯛魚再裹上粉。

4. 確認油溫已達180度。

5. 將裹好粉類的鯛魚放入鍋中油炸。

6. 將鯛魚炸至全面金黃，取出放在烘焙紙上吸油。塔塔醬的作法則是將切碎的洋蔥、酸黃瓜、優格、酸奶，以及適量的現磨黑胡椒攪拌均勻。

| 1人份量 | 總醣份 | 總熱量 | 膳食纖維 | 蛋白質 | 脂肪 |
|---|---|---|---|---|---|
| 240g | 21.1g | 344.9cal | 2.9g | 27.3g | 17.1g |

Tips

椰子粉在一般的烘焙材料行可買到。使用低筋麵粉會使麵皮比較酥,也可用中筋麵粉替代。
可加入椰子絲,會更具香氣。

生酮
可食

# 蛋煎鯛魚片

當很忙碌又須料理時，蛋煎鯛魚片是最健康又快速的選擇！

使用全蛋液來煎魚可取代太白粉或麵粉，

要帶便當的話，更不會有使用粉類而造成軟爛的困擾！

| 1人份量 | 總醣份 | 總熱量 | 膳食纖維 | 蛋白質 | 脂肪 |
|---|---|---|---|---|---|
| 125g | 2.7g | 174.1cal | 0.1g | 19.8g | 8.6g |

## ❀ 食材（2人份）

鯛魚一片約200g

蛋黃1顆

米酒1大匙

奶油5g

胡椒鹽½茶匙

鹽¼茶匙

薑2片

蔥花少許

## ❀ 作法

1. 將洗淨擦乾的鯛魚均勻的抹上鹽及胡椒鹽，再倒入米酒醃製。

2. 將醃製好的鯛魚均勻的裹上蛋黃液。

3. 取一平底鍋，倒入食用油並放薑片煎香。

4. 放入鯛魚並煎至單面金黃。

5. 將鯛魚翻面後，才放上奶油煎至全面金黃。

6. 將煎好的鯛魚取出放在餐巾紙上吸油，盛盤撒上蔥花即完成。

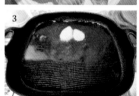

Tips

不要在一開始煎鯛魚時就放入奶油，待一面煎至金黃時再放，可避免魚肉表面易焦，裡面不熟，過多油沫產生。增添奶油不僅可多一份香氣，也讓鯛魚更好吃！

Chapter3

煙燻好食

# 培根

　　Costco的培根有兩款，我比較常購買美式經典培根，原因是這款培根的煙燻味道比較沒有那麼強烈。若是喜歡味道較重口味的朋友們，也可以選擇另一款培根，有不同風味！

經典美式培根　**289**元/盒裝

## 分裝保存

① **一片片捲起分裝**

Costco的經典培根包裝，一包裡面有兩份真空包裝的培根，如果是小家庭一次無法使用完，在買回來的時候可以先放置冷藏保存。如果一份包裝打開後，又無法在冷藏食用期限內吃完的話，可以將培根一片片捲起來放入密封盒內，再送入冰箱冷凍保存。使用這樣的保存方式可以降低培根在解凍後的出水軟爛狀況產生，如果一次只要使用2、3片，也不會因培根沾黏在一起而無法取出。

**2～3週冷凍保存**　**自然解凍或直接料理**

② **做成培根醬**

可做成培根醬保存，使用方法如XO醬，在炒飯或是烘蛋時加入，會有不同味蕾呈現。做好的培根醬可使用已消毒過後的空瓶，放入冷藏保存1個月、冷凍3個月。

*Tips*

**空瓶如何消毒？**

可以使用正在沸騰滾煮的熱水，將清洗乾淨的空瓶放入滾煮5分鐘後，使用消毒的夾子取出，再放在網架上瀝乾水份。也可使用烤箱，設定溫度為110度，預熱10分鐘後，將輕洗乾淨並甩乾水份的玻璃空瓶放入烘烤10分鐘，最後1分鐘時再放入玻璃的蓋子，使用餘溫消毒瓶蓋的部份，時間到時再將玻璃空瓶及瓶蓋一同取出。

# 火腿、香腸、臘腸

　　減醣生酮飲食比較少吃煙燻類食物，但Costco的煙燻食品選擇多，非常多樣化，偶爾也是繁忙主婦的好幫手，快速出菜上桌！

煙燻德式香腸
**399**元/袋裝

巧達乳酪香腸
**399**元/袋裝

義式生火腿片
**279**元/袋裝

匈牙利式原味臘腸
**379**元/袋裝

富統網狀火腿
**249**元/袋裝

煙燻去骨火腿片
**349**元/盒裝

## 分裝保存

　　火腿、香腸、臘腸可整包冷凍保存，或是用食物密封袋分裝好需要的份量，並且標註日期及食材名稱，放入冷凍庫保存，料理時取出自然解凍即可。

## 美味關鍵

可利用熱狗製作沾醬，混合青蔥和酸奶，搭配洋芋片，保證一口接一口（詳細作法請見P208）。

# 培根捲雞胸肉

培根捲雞胸肉因為加了培根可增添雞胸肉在脂肪的攝取不足，

雞胸肉不僅有舒肥過後的口感，搭上微焦的培根，在烘烤時就會聞到陣陣香氣，

只要丟進烤箱就能完成的一道絕美料理，是連小朋友也很喜歡！

| 1人份量 237.5g | 總醣份 5.3g | 總熱量 543.5cal | 膳食纖維 0.2g | 蛋白質 42.2g | 脂肪 38.7g |
|---|---|---|---|---|---|

## 食材（2人份）

雞胸肉2片

培根6片

鹽¼小匙

楓糖漿15g（生酮飲食請改用無糖楓糖漿）

豆蔻粉¼小匙

現磨黑胡椒少許

## 作法

1. 將洗淨擦乾的雞胸肉抹上鹽靜置稍微入味後，用培根將雞胸肉包覆起來，一片雞胸肉約使用3片培根。

2. 將雞胸肉包覆好後（看不到雞胸肉為主），放置在烤盤中。

3. 將佐料類混合，淋在包覆好培根的雞胸肉上（可使用刷子均勻塗抹表面，底部不用）。

4. 預熱烤箱190度10分鐘，再放入烤箱中烘烤約25分鐘即完成。

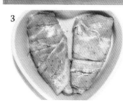

烤箱的烤溫及時間視個人家裡烤箱為準,在烘烤15分鐘時,培根表面若呈現微焦的狀態,就使用錫箔紙蓋上繼續烘烤。

生酮版營養成分

| 1人份量 | 總醣份 | 總熱量 | 膳食纖維 | 蛋白質 | 脂肪 |
|---|---|---|---|---|---|
| 237.5g | 0.4g | 524.5cal | 0.2g | 42.2g | 38.7g |

# 培根醬

生酮
可食

買了大包裝的培根後，除了冷凍保存外，也可以做成培根醬保存。

培根放冷藏的保存時間並不是很長，解凍後的培根常常會有出水的問題，

如果做成培根醬可以運用在不同的料理上，媲美中式的XO醬，非常方便！

## 食材

培根300g

洋蔥150g

蜂蜜50g（生酮飲食請改用
天然蜂蜜代糖）

40度以上烈酒50g

巴薩米克醋20g

現磨黑胡椒適量

## 作法

1. 將培根切成1公分大小。

2. 開中火並適時的拌炒將培根的油脂逼出。

3. 當培根慢慢呈現焦香的感覺（約炒20分鐘）即可取出，鍋內留下一半的油（剩下的油可留著炒義大利麵，非常好吃）。

4. 將切碎的洋蔥倒入原鍋內，並用中小火翻炒洋蔥至焦化狀態，翻炒時請盡量將鍋底的殘渣一併炒起（風味精華所在），約炒15分鐘。

5. 倒入烈酒、蜂蜜、巴薩米克醋、現磨黑胡椒及炒好的培根，再翻炒約5分鐘。

6. 呈現稍微濃縮狀態即完成。

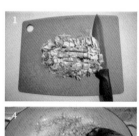

| 總份量 570g | 100g醣份11.3g 總醣份64.5g | 100g熱量249cal 總熱量1420cal | 膳食纖維 2.5g | 蛋白質 43g | 脂肪 107.5g |
|---|---|---|---|---|---|

Tips

1. 烈酒的部份可使用威士忌、白蘭地、君度橙酒,風味會隨著不同的酒展現不一樣的特色。
2. 培根醬的保存可放入已消毒後的空瓶內,冷藏保存1個月;或可放入製冰盒中製作成一塊塊再裝進密封袋中,要食用時取一塊即可,冷凍保存可達3個月。
3. 加入糖與酒有防腐的功效。

生酮版營養成分

| 總份量 570g | 總醣份 24.8g | 總熱量 1264.4cal | 膳食纖維 2.5g | 蛋白質 43g | 脂肪 107.5g |
|---|---|---|---|---|---|

cook more

# 培根醬炒飯

培根醬可搭配在炒飯上，不僅增添風味，又能促進食慾，

即便是平凡無奇的炒飯也能變得好吃。

如果帶便當蒸過後也不怕影響口感，是絕佳調味配料呢！

1人份量
215g

½份醣份28.6g
總醣份57.1g

½份熱量206.7cal
總熱量413.4cal

膳食纖維
4.1g

蛋白質
11.1g

脂肪
14g

## 食材（1人份）

一人份200g什錦炒飯（食材隨個人喜好）

培根醬1大匙

## 料理方式

將炒好的炒飯放上1大匙培根醬即完成。

飯改為花椰菜飯

| 1人份量 | 總醣份 | 總熱量 | 膳食纖維 | 蛋白質 | 脂肪 |
|---|---|---|---|---|---|
| 215g | 6.8g | 86cal | 4.3g | 4.8g | 3.1g |

Tips

培根醬從冰箱取出後，只要用乾淨的湯匙挖出要食用的份量，再微波加熱即可。如果從冷凍
庫中取出，一樣只要增加微波的時間就能食用。

培根料理　　197

# 焗烤馬鈴薯佐培根醬

美式經典的焗烤馬鈴薯，在馬鈴薯裡放入酸奶，搭配著放在上面的培根醬，

一口咬下去，無比滿足的濃郁滋味回蘊在嘴巴裡，是一道令人很難抗拒的前菜或點心，

只要手邊有馬鈴薯，打開冰箱就可取得的培根醬，準備起來再輕鬆不過了！

| 1人份量 430g | ½份醣份29.1g 總醣份58.1g | ½份熱量265.4g 總熱量530.8cal | 膳食纖維 4.1g | 蛋白質 14.1g | 脂肪 24.8g |
| --- | --- | --- | --- | --- | --- |

## 食材（1人份）

馬鈴薯1個

奶油15g

酸奶70g

培根醬50g

現磨黑胡椒適量

現磨玫瑰鹽適量

## 料理方式

1. 將整顆馬鈴薯洗淨用牙籤平均戳洞，用滾水小火煮10分鐘。

2. 將馬鈴薯取出從中間劃開（不要切斷）放入奶油，撒上現磨黑胡椒及玫瑰鹽，送進烤箱內烘烤15分鐘（至馬鈴薯鬆軟）。

3. 在馬鈴薯剖開處放入酸奶，再放上培根醬即可享用。

Tips

烤整顆馬鈴薯要選擇深褐色美國品種的較鬆軟好吃。

# 培根醬佐芽球甘藍

芽球甘藍是歐美常吃的一種蔬菜，小小的一顆顆模樣十分討喜，

但由於本身特有的一種微微嗆苦味，不是每個人都喜歡。

芽球甘藍很耐烤，只要增添奶油，再配上自製的培根醬，就很美味！

| | 總醣份 | 總熱量 | 膳食纖維 | 蛋白質 | 脂肪 |
|---|---|---|---|---|---|
| 1人份量<br>152.5g | 5.7g | 159.4cal | 1.4g | 3.1g | 13.8g |

## 食材（2人份）

芽球甘藍250g

橄欖油15g

奶油10g

蒜末10g

自製培根醬20g

現磨黑胡椒少許

現磨玫瑰鹽少許

## 料理方式

1. 在烤盤上均勻的刷上橄欖油，放入芽球甘藍及蒜末，再放上奶油，撒上些許的現磨黑胡椒及玫瑰鹽。

2. 烤箱預熱190度10分鐘，蓋上鍋蓋，或使用錫箔紙烤10分鐘。

3. 將鍋蓋打開（使用錫箔紙的話請拿掉）放上培根醬，再烤10分鐘即可。

# Tips

蓋上鍋蓋（或錫箔紙）可加速芽球甘藍烹調的時間，拿掉鍋蓋（或錫箔紙）再烘烤能使表面
帶點焦香，更好吃！

# 培根蛋黃義大利麵

培根蛋黃義大利麵單純使用培根，簡單的滋味令人念念不忘！

濃厚的醬汁重點在於蛋黃的使用，只要添加新鮮的帕瑪森起司，

就能更突顯這道料理的口感，不妨試試。

| 1人份量 470g | ¼份醣份22.1g 總醣份88.5g | ¼份熱量339.7cal 總熱量1358.6cal | 膳食纖維 4.3g | 蛋白質 58.3g | 脂肪 84.1g |
|---|---|---|---|---|---|

## 食材（1人份）

培根3片（切大塊）

現磨新鮮帕瑪森起司50g

蛋黃2顆

黑胡椒10g

酸奶20g

義大利麵225g（生酮飲食請改為蒟蒻麵或櫛瓜麵）

橄欖油1大匙

鹽1茶匙

## 作法

1. 將蛋黃、現磨新鮮帕瑪森起司與黑胡椒混合均勻。

2. 將切成大塊的培根炒至出油，不要炒到變焦或變硬。

3. 轉文火，將混合好的蛋黃倒入與培根一起快速攪拌均勻。熄火，再加入酸奶拌勻。

4. 準備一鍋沸騰的水，倒入1大匙的橄欖油與1小茶匙的鹽，將義大利麵煮約8分鐘（視義大利麵上的包裝而定）。

5. 將煮好的義大利麵倒入醬料中混合均勻，食用前再撒上適量的帕瑪森起司。

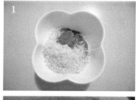

Tips

使用新鮮的蛋黃來做為濃稠醬汁的主軸，若想要較稀釋的口感可加入一勺煮麵水。

生酮版營養成分

| 1人份量 | 總醣份 | 總熱量 | 膳食纖維 | 蛋白質 | 脂肪 |
|---|---|---|---|---|---|
| 470g | 9.3g | 1000.3cal | 12.2g | 43g | 82.7g |

# 火腿溫菇沙拉

鴻喜菇用奶油炒過增添了豐富的香氣韻味，

搭配小巧可愛的櫻桃蘿蔔，不僅健康又十分討喜！

火腿則是一般早餐會使用的食材，備料一點也不麻煩！

## 食材（1人份）

蘿蔓生菜150g

法式油醋芥茉籽醬50g

鴻喜菇1株（約200g）

火腿2片（切條狀）

蒜末5g

奶油15g

櫻桃蘿蔔40g（切薄片）

現磨黑胡椒適量

## 作法

1. 將尾端切除的鴻喜菇清洗乾淨，在平底鍋內放入奶油及蒜末炒香後，倒入鴻喜菇炒至收乾並撒上現磨黑胡椒。

2. 將炒好的鴻喜菇與切條狀的火腿拌勻。

3. 將鴻喜菇與火腿加入生菜中，再放進切薄片的櫻桃蘿蔔，食用前淋上法式油醋醬汁即完成。

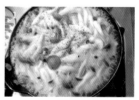

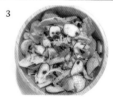

| 1人份量 | ½份醣份19.7g | ½份熱量216.3cal | 膳食纖維 | 蛋白質 | 脂肪 |
|---|---|---|---|---|---|
| 475g | 總醣份39.3g | 總熱量432.6cal | 7.4g | 10.8g | 13.8g |

Tips

用奶油炒過的鴻喜菇很適合與生菜沙拉一起搭配做成溫菇沙拉，前提是將醬汁收乾，口感才
會好！

# 庫克太太

在巴黎的餐館裡有一款非常普遍的早午餐三明治：Croque Monsieur。

Croque可以翻成香脆，Monsieur則是先生，指的是烤起司火腿三明治；

Croque Madame，烤起司火腿三明治加荷包蛋，中文為庫克太太。

這道料理作法非常簡單又好吃，飽足感十足！

| 1人份量 220g | ½份醣份15.7g 總醣份31.3g | ½份熱量242.2cal 總熱量484.4cal | 膳食纖維 1.4g | 蛋白質 24.9g | 脂肪 26.3g |
|---|---|---|---|---|---|

## ∽ 食材（1人份）

吐司2片

白醬30g

芥茉籽醬15g

蛋1顆

Havarti起司2片

火腿2片

現磨黑胡椒少許

生菜適量

## ∽ 作法

1. 將起司放在吐司上面，入小烤箱烘烤3分鐘。

2. 將火腿煎熟。

3. 接著將蛋的一面煎熟（切記蛋黃不要熟）。

4. 取一片烤好的起司吐司，放上一片火腿，抹上芥茉籽醬，再抹上加熱後的白醬，再放上另一片火腿，抹上芥茉籽醬，再抹上加熱後的白醬（同樣程序兩次）。將另一片正面是起司的吐司，其反面蓋上已鋪好料的吐司，將太陽蛋放在起司上面即完成。

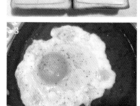

Tips

正統的庫克太太會使用法國大圓形的硬皮麵包，起司的部份會用Gruyere起司，火腿則會使用熟成的薄片生火腿。

# 酸奶熱狗醬佐洋芋片

放假的夜晚總是希望能輕鬆來點放縱的消夜，

利用熱狗做的沾醬，有飽足感外，加上酸奶與青蔥更爽口不膩，

搭配洋芋片，再來杯自己喜歡的飲品，減肥的事明天再開始。

| 1人份量<br>180g | ½份醣份18.9g<br>總醣份37.8g | ½份熱量271.6cal<br>總熱量543.1cal | 膳食纖維<br>1.6g | 蛋白質<br>13.4g | 脂肪<br>36.6g |
|---|---|---|---|---|---|

## 食材（2人份）

德式煙燻熱狗2條

蕃茄Paste30g

酸奶80g

青蔥20g

洋芋片100g

## 作法

1. 將熱狗切成小塊放入鍋內炒至出油。

2. 將蕃茄醬倒入鍋內炒至呈現沒有水份的狀態。

3. 將炒好的熱狗、酸奶與青蔥攪拌均勻即完成。

Tips

炒好的熱狗可先放置盤上待涼,再與酸奶和青蔥混合,口感較好。

# 德式香腸捲餅

德式香腸帶有一點煙燻味,味道很不錯,夾在墨西哥餅皮裡很搭!

墨西哥餅皮有很多種捲法,最常用的方式是夾入喜歡的食材,

不論是外帶當早餐,或是野餐時攜帶出去,既不沾手又美觀!

## 食材(1人份)

德式煙燻香腸1根

墨西哥餅皮1片

小黃瓜片20g

蕃茄片20g

洋蔥絲20g

酪梨油檸檬蒜味沙拉醬10g

美奶滋5g

芥末醬5g

墨西哥餅皮

## 作法

1. 設定烤箱180度20分鐘,將冷凍的德式香腸放入烤箱烤至18分鐘時,將墨西哥餅皮放入一起烤2分鐘,再一同取出(香腸水煮或油煎都可以,墨西哥餅皮只需烤2分鐘)。

2. 準備一張烘焙紙,放上烤好的墨西哥餅皮,將洋蔥絲平均放在一半的餅皮上,再放上小黃瓜片、蕃茄片,並將醬料混合均勻淋上,最後放上德式香腸。

3. 將有餡料的那側往內捲至快到尾端時,將底部折起,再往內一同折起(防止餡料掉出)。

4. 將烘焙紙包覆好已完成的德式香腸捲餅,一樣在尾端時將底部的烘焙紙折起,再緊密的包覆好。

5. 綁上棉繩固定即完成。

| 1人份量 | 總醣份 | 總熱量 | 膳食纖維 | 蛋白質 | 脂肪 |
|---|---|---|---|---|---|
| 189g | 23g | 416.1cal | 1.1g | 13.4g | 29.3g |

*Tips*

酪梨油檸檬蒜味沙拉醬在加入美奶滋與芥末醬後，配上煙燻德式香腸，微嗆的洋蔥絲，是出乎意料的好吃！

德式香腸料理　211

# 臘腸起司薄餅

倘若是假日想來點解饞又能有飽足感的輕食，薄餅是再適合不過了！

不管是大人還是小孩都喜歡Pizza，利用現成的墨西哥餅皮，

就能做出超好吃的臘腸起司薄餅Pizza，主婦們一定要試試！

| | | | | | |
|---|---|---|---|---|---|
| 1人份量<br>110g | 50g醣份12g<br>總醣份26.5g | 50g熱量121.7g<br>總熱量267.7cal | 膳食纖維<br>1.8g | 蛋白質<br>13.4g | 脂肪<br>11.4g |

## 食材（2人份）

墨西哥餅皮2片

臘腸7片

蕃茄Paste50g

焗烤起司絲50g

甜椒少許

蒙特簍香料10g

## 作法

1. 將香料與蕃茄Paste攪拌均勻。

2. 取兩片墨西哥餅皮（重疊），在餅皮均勻抹上已混合好的醬料。

3. 平均的放上甜椒、臘腸，再撒上起司絲。

4. 烤箱預熱220度10分鐘，將起司薄餅放入烤箱上層烘烤5 ～ 8分鐘。

5. 只要起司融化即完成。

Tips

使用兩片墨西哥餅皮重疊能避免餅皮烤焦，增加厚度，吃起來口感較好！

臘腸料理

Tips

使用兩片墨西哥餅皮重疊能避免餅皮烤焦，增加厚度，吃起來口感較好！

# Salami 小點

生酮
可食

超簡單的食材搭配，當Party的開胃菜或是夜晚下酒的小點都很適合！

連生酮飲食都能享用，絕對是你想吃零食時的好朋友。

| 總份量 | 總醣份 | 總熱量 | 膳食纖維 | 蛋白質 | 脂肪 |
|---|---|---|---|---|---|
| 105g | 1.7g | 318cal | 0g | 19.5g | 25.9g |

## 食材（2人份）

臘腸8片

Pittas起司半包125g

醃漬橄欖8顆

牙籤8根

## 作法

1. 將Pittas起司切半塊下來，再切成約4公分大小、1公分厚度，共8片。

2. 使用奶油將Pittas起司雙面煎至金黃。

3. 將Pittas起司放在臘腸上面，再用牙籤插進橄欖、起司與臘腸固定即完成。

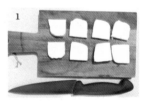

Tips

Costco所販售的醃漬橄欖，一份包裝組合有三種口味，可以一次擁有不同風味，值得購買！

# Chapter4
## 蔬菜、水果好食

# 蔬菜、水果

　　Costco的蔬菜種類非常多，不論是市面上價格昂貴的黃檸檬或是藍莓、難買到的新鮮覆盆子、現在改為小包裝的蘿蔓生菜、各種菇類、特定季節所進的波特菇，以及季節性的一些進口水果，在Costco都能以划算又足夠份量的包裝買到。而不論是葉菜類或其他品種的蔬菜，也都是經過合格認可。以下介紹一些常態性的蔬菜、水果供參考。

## 洋蔥

　　好市多的洋蔥非常優質，每一顆幾乎都大小一致，豐滿漂亮，如果一次用不完這麼多，可放冷藏保存；或做成洋蔥醬，燉湯都可大量利用。

紐西蘭洋蔥
**155**元/袋裝

## 生菜

　　Costco的蘿蔓心是美國進口的，和一般市面上某些販售的產地不同，口感也有差別，不論是運用在沙拉或夾在三明治中都非常好吃！

美國蘿蔓心
**219**元/袋裝

## 馬鈴薯

　　馬鈴薯的品種多，在Costco會出現的有較大顆、表皮較深褐色的，就是澱粉含量高的馬鈴薯，最適合用來料理馬鈴薯泥或焗烤整顆馬鈴薯，質地會較綿密柔順。而一般我們常見到的中型黃皮馬鈴薯，澱粉含量較低，與乳製品較不易融合，但在料裡時較能維持原型，適用在燉煮或薯條等用途上。另外也有小顆紅、黃皮種的迷你馬鈴薯，適合與肉製品一起烘烤。

美國馬鈴薯
**229**元/袋裝

澳洲白玉馬鈴薯
**179**元/袋裝

## 球芽甘藍

　　球芽甘藍是在歐美料理中常見的一種蔬菜，外觀小巧可愛，本身帶有一點苦味，但卻含有大量的維生素及纖維質，適合加上奶油運用在炒或烤的料理上。

美國球芽甘藍
**165**元/袋裝

## 黃檸檬

　　黃檸檬在市面上不是那麼好購買，雖然現在在一般通路超市可看到，但價格並不親民。Costco的黃檸檬雖然很大一袋，但只要封存好放置冰箱冷藏，可保存約3個星期。如果吃不完，還可做成蜂蜜檸檬或醃漬檸檬。

黃檸檬
**299**元/袋裝

## 新鮮藍莓、覆盆子

　　藍莓、覆盆子皆為Costco的常態商品，不論是直接食用或是運用在烘焙上，品質與份量都是CP值超高的人氣商品！若於購買後吃不完的話，可密封起來放置冰箱冷凍保存

新鮮藍莓、覆盆子
**247**元/盒裝

## 蘋果

　　Costco的蘋果也是常態商品，並有2～3種不同品種可供選擇，也常有試吃活動。

智利加樂蘋果 **249**元/盒裝
智利富士蘋果 **349**元/盒裝

## 香吉士

　　美國香吉士茂谷柑屬於季節性限定商品，小小一個皮薄肉甜多汁，很適合帶去野餐或當小孩的點心。

美國香吉士茂谷柑 **349**元/袋裝

# 華爾道夫沙拉

經典的華爾道夫沙拉（Waldorf Salad）誕生於1896年，

食材內含有新鮮的蘋果、葡萄（或葡萄乾）、核桃、西芹、美奶滋，

只用少許的鹽及胡椒調味，非常適合炎熱的夏天。

這裡將美奶滋改為無糖優格，更為健康清爽！

| 1人份量 640g | ⅓份醣份21.1g 總醣份63.4g | ⅓份熱量188.7cal 總熱量566.1cal | 膳食纖維 9.5g | 蛋白質 15g | 脂肪 26.9g |
| --- | --- | --- | --- | --- | --- |

## 食材（1人份）

無糖優格180g

西芹180g

蘋果1顆

檸檬1顆

蜂蜜10g

核桃30g

葡萄乾30g

新鮮薄荷葉少許

## 作法

1. 西芹洗淨後，去除較粗的表皮纖維後，斜切粗片。
2. 將處理好的西芹放入滾燙的熱水燙一下。
3. 將切好的蘋果放進已加入檸檬汁的冰水中，將燙好的西芹也一併放入冰鎮，泡10分鐘。
4. 徹底瀝乾蘋果與西芹（可用餐巾紙輔助）。
5. 將優格、蜂蜜、核桃、葡萄乾混合均勻。
6. 將瀝乾的蘋果與西芹拌入已混合好的優格中，再撒上新鮮薄荷葉裝飾即可。

Tips

西芹去除較粗的表皮纖維後，放入滾燙的熱水燙一下，主要能去除西芹本身的生味，隨即放入含有檸檬汁的冰塊水中冰鎮，能讓西芹更顯青綠！

# 法式焦糖肉桂烤蘋果

法國的家常下午茶點心，烤過的蘋果因為焦糖和肉桂的甜蜜融合，

再配上一球冰淇淋，熱熱冰冰的味蕾滋味，非常的迷人！

喜歡蜂蜜或楓糖的人可以加在蘋果中間，來取代糖的部分；

也可加入白蘭地或君度橙酒，隨個人喜好添加！

## ∽ 食材（1人份）

大蘋果1顆

無鹽奶油5g

紅糖30g

肉桂粉5g

肉桂棒1根

香草冰淇淋1球

## ∽ 作法

1. 蘋果洗淨擦乾後，在上方切一塊像蓋子一樣，用小刀將芯的部分去除，可利用小湯匙協助（要注意不要挖到底部造成破洞）。

2. 拿細牙籤將蘋果均勻的插洞。

3. 將融化的奶油、紅糖、肉桂粉混合好，塞入已挖好洞的蘋果中。

4. 將剛剛切除的蘋果蓋蓋上，取一根肉桂棒，由上往下的中心點插入固定。

5. 送入烤箱以180度烤約40分鐘（時間可依個人喜好而定，烤越久蘋果的皮越皺，果肉越軟）。

6. 將烤好的蘋果刷上無鹽奶油（可省略），讓蘋果看起來光亮，再搭配一球香草冰淇淋即可享用。

| 1人份量 330g | ¼份醣份18.8g 總醣份75.3g | ¼份熱量109.7cal 總熱量438.8cal | 膳食纖維 7.9g | 蛋白質 3g | 脂肪 12.4g |
| --- | --- | --- | --- | --- | --- |

Tips

蘋果盡量選擇質地鬆軟，烤起來比較好烤。蘋果插洞是預防高溫烘烤時有爆破的情況發生。

# 蜂蜜漬檸檬

夏天炎熱時總會想來杯爽口的飲品解渴，檸檬的好處多多！

Costco的黃檸檬是我必買的選項，因為市面上的黃檸檬昂貴且難買，

能買到一大袋的黃檸檬是我最開心的事！

## 食材

黃檸檬4顆

蜂蜜1罐約400g（生酮飲食
請改用無糖蜂蜜）

消毒後的空瓶1個

## 作法

1. 把檸檬用鹽仔細清洗過後，使用餐巾紙確實擦
   乾不留水分，用消毒後的刀子將檸檬均勻的切
   片。

2. 準備好消毒後的空瓶，將切片的檸檬一片片放
   入，邊倒蜂蜜邊放檸檬，可使檸檬片均勻的被
   蜂蜜包覆著蜜漬，直到蜂蜜蓋過檸檬，放入冰
   箱冷藏兩天。

3. 要飲用時倒入適量於杯內，並加入冰水攪拌過
   後就可飲用。

| 總份量 | 20g醣份10.6g | 20g熱量41.9cal | 膳食纖維 | 蛋白質 | 脂肪 |
|---|---|---|---|---|---|
| 640g | 總醣份340.5g | 總熱量1340.8cal | 3g | 2.2g | 1.7g |

## Tips

黃檸檬較綠檸檬或萊姆的風味來得柔和，很適合拿來做蜜漬，蜂蜜本身具有防腐的效果。只
要在蜜漬作業時，食材及水不要有生水殘留，挖取檸檬時使用乾淨的器具，可讓蜂蜜漬檸檬
冷藏保存兩個星期。

生酮版營養成分

| 總份量 | 總醣份 | 總熱量 | 膳食纖維 | 蛋白質 | 脂肪 |
|---|---|---|---|---|---|
| 640g | 22.7g | 95.9cal | 3g | 1.7g | 1.3g |

# 醃漬檸檬

我喜歡用天然的調味料來料理食材，醃漬檸檬其實非常容易，

不論是香港的鹹檸七，或異國料理所使用的醃漬檸檬，都以同樣方法製作。

如果不想食用過多添加物的調味料，醃漬檸檬是必備的料理神物！

| 總份量 370g | 20g醣份5.8g 總醣份107.2g | 20g熱量23.2cal 總熱量428.3cal | 膳食纖維 1.5g | 蛋白質 0.9g | 脂肪 0.8g |
|---|---|---|---|---|---|

## ∾ 食材

黃檸檬2顆

消毒後的空瓶1個

鹽150g

白糖100g（生酮飲食
可直接換成鹽）

## ∾ 作法

1. 將檸檬用鹽（食材外）仔細清洗過後，使用餐巾
   紙確實擦乾不留水分，用消毒後的刀子將檸檬均
   勻的切片。

2. 將糖與鹽混合均勻。

3. 使用消毒法將空瓶消毒完後備用。

4. 準備好消毒後的空瓶，先放入一層混合好的鹽
   跟糖，再放一層檸檬片，一直相互堆疊到滿，
   讓每片檸檬都沾到鹽糖，最上面一層檸檬片再
   用鹽糖蓋過。

Tips

1. 醃漬的檸檬放在陰涼處3天就可使用，接著請放入冰箱冷藏保存可達1年，風味會隨著時間變得更加濃厚。請切記裝置的空瓶一定要確實消毒才可使用，每次拿取時也請用乾淨的器具取出，避免影響品質腐壞。

2. 通常我會做2罐，一罐全鹽、一罐半糖半鹽，在吃生酮飲食時就非常方便。

生酮版營養成分

| 總份量 | 總醣份 | 總熱量 | 膳食纖維 | 蛋白質 | 脂肪 |
|---|---|---|---|---|---|
| 370g | 8.2g | 46.1cal | 1.5g | 0.9g | 0.9g |

# 洋蔥醬

Costco的洋蔥品質很好，又大又飽滿，

吃不完還可以做成洋蔥醬當抹醬，也能搭配牛排，或夾在漢堡裡；

烹調雞肉或洋蔥湯時也可放一匙提味，滋味都會整個豐富起來呢！

| 總份量 | 10g醣份0.9g | 10g熱量8.4cal | 膳食纖維 | 蛋白質 | 脂肪 |
|---|---|---|---|---|---|
| 1155g | 總醣份98.4g | 總熱量964.7cal | 16.1g | 10.5g | 53.7g |

## 食材

洋蔥1kg

紅酒50g

巴薩米克醋20g

楓糖漿20g（可用蜂蜜取代）
〔生酮飲食請改用蜂蜜代糖
或楓糖漿代糖〕

奶油60g

鹽1茶匙

現磨黑胡椒適量

## 作法

1. 在鍋內放入奶油，開小火煮至呈現冒泡金黃色。

2. 倒入切成絲的洋蔥拌炒，加入鹽、現磨黑胡椒，
   轉中火，直到洋蔥變軟。

3. 加入紅酒、巴薩米克醋、楓糖漿持續拌炒約15分
   鐘。

4. 待洋蔥呈現濃縮狀即完成。

## ⌒ 洋蔥切法

洋蔥皮去掉時可以發現洋蔥有明顯的生長纖維紋路，因料理的需求而切法不同。

如果希望在料理時能保有多一點條條分明的口感，例如沙拉、洋蔥炒牛肉絲，就順著紋路切。

如果希望料理時，洋蔥能快速軟化，例如洋蔥醬、醃製料理時，就逆著紋路切。

如果希望在料理時還能保有洋蔥圓型，就使用保留圓形切法，例如洋蔥湯。

**Tips**

做好的洋蔥醬可放入消毒過的密封罐保存，冷藏1個月、冷凍半年。

# 法式洋蔥湯

法國的湯品和亞洲很不同！記得那時在法國爸爸每天的廚藝薰陶下，

嚐到了道地的法式洋蔥湯，覺得製作過程還要加入麵粉也太神奇了吧！

如果想來點不一樣的湯品，絕對要試試這道像在餐廳喝到的美味洋蔥湯！

## 食材（2 人份）

洋蔥300g（保留圓形切法）

白酒150g

自製豬骨高湯700g（作法
請見P94）〔也可用市售雞
高湯〕

奶油30g

低筋麵粉20g

洋蔥醬30g

月桂葉2片

碎蒜5g

冷凍的吐司條2片（或使用
法國長棍切片）

切達起司適量

## 料理方式

1. 開中火，在鍋內放入奶油，直到奶油完全融化且
   冒泡時倒入蒜及洋蔥。

2. 將洋蔥拌炒至變軟，放入洋蔥醬及月桂葉繼續拌
   炒至洋蔥呈現金黃（約 10 分鐘）。

3. 加入麵粉拌炒至完全沒有麵粉的生味（約 5 分
   鐘），再倒入白酒拌煮至沸騰將酒精煮沸。

4. 加入高湯煮至沸騰時，轉小火燉煮約 40 分鐘。

5. 將冷凍的吐司條直接放入烤箱以 180 度烘烤 20 分
   鐘（中間需翻面一次）。

6. 將洋蔥湯盛入烤盅碗裡約八分滿，放上吐司條（或
   長棍切片），再放上適量的切達起司絲，送入烤
   箱內以 200 度烤 8 分鐘即可享用。

| 1人份量 | ½份醋份16.9g | ½份熱量167.2cal | 膳食纖維 | 蛋白質 | 脂肪 |
|---|---|---|---|---|---|
| 622.5g | 總醋份33.8g | 總熱量334.3cal | 3g | 6.6g | 15.7g |

Tips

1.如果沒有做洋蔥醬,可以在炒洋蔥時直接加入鹽1茶匙、糖½茶匙、巴薩米克醋5c.c.。

2.白酒的選擇可以盡量挑選有果香味偏甜的白酒,價位一般即可。

3.如果買不到法國長棍,也可用冷凍的吐司麵包切成條狀,放入烤箱以180度烘烤20分鐘
(中間需翻面一次)。麵包條切成丁的話,也可以加在沙拉中,很方便!

# 經典馬鈴薯泥

經典的馬鈴薯泥，不論是搭配牛排時可淋上肉汁一起吃；

吃不完的馬鈴薯泥還可做成可樂餅，或是當早餐的薯泥沙拉夾在麵包裡，

大人小孩都喜歡，作法又非常簡單，一定要試試！

## 食材（4 人份）

去皮馬鈴薯500g

過濾水500g

動物性鮮奶油70g

牛奶50g

奶油30g

鹽½茶匙

現磨黑胡椒適量

現磨玫瑰鹽適量

## 作法

1. 將去皮的馬鈴薯切塊後，注入過濾水，開大火煮滾。

2. 開滾後將表面浮出的白色馬鈴薯澱粉雜質撈出，並加入鹽，蓋鍋蓋轉小火煮至馬鈴薯變鬆軟。

3. 確認馬鈴薯無多餘的水份後，即可起鍋。

4. 將奶油和馬鈴薯均勻的混合，攪拌至奶油完全融化。

5. 將鮮奶油、牛奶倒入馬鈴薯中攪拌至完全沒有顆粒（可使用打蛋器輔助）。

6. 再依個人喜好加入適量的現磨黑胡椒及玫瑰鹽。

| 1人份量 | ½份醣份15.6g | ½份熱量119.6cal | 膳食纖維 | 蛋白質 | 脂肪 |
|---|---|---|---|---|---|
| 288.3g | 總醣份31.2g | 總熱量239.2cal | 1.6g | 3.3g | 10.7g |

Tips

加入鮮奶油，是讓馬鈴薯泥更綿密好吃的秘訣。如果想要更綿密的馬鈴薯泥，在煮熟後可使
用電動攪拌器攪拌。

# 日式炸可樂餅

吃不完的馬鈴薯泥就來做成可樂餅吧！

炸好放涼後也可直接放入密封盒中，送進冷凍庫保存，

要吃的時候再使用烤箱回溫，是完美的配菜料理！

| | 總醣份 | 總熱量 | 膳食纖維 | 蛋白質 | 脂肪 |
|---|---|---|---|---|---|
| 1人份量 73.3g | 14.8g | 95.6cal | 0.9g | 3.9g | 1.8g |

## 食材（6人份）

熟馬鈴薯泥300g

中筋麵粉30g

蛋1顆

麵包粉50g

## 料理方式

1. 將馬鈴薯泥捏成一個 50g 的份量。

2. 捏好後均勻的沾上麵粉。

3. 將沾好麵粉的可樂餅均勻的裹上蛋液。

4. 將裹好蛋液的馬鈴薯泥沾上麵包粉。

5. 使用筷子確認油溫後，將可樂餅放入油鍋內炸至雙面金黃即完成。

6. 將炸好的可樂餅靜置烤架上瀝油即可享用。

Tips

1. 建議在下油鍋前可先放置冰箱中冷藏1小時利於塑型，如果沒有要馬上油炸的話，可放冷凍室保存。

2. 要油炸前不需解凍，炸好的可樂餅可在放涼後，放密封盒中入冷凍室保存，可放1個月。

3. 炸可樂餅時可以和炸豬排同時進行。

# 蜜芋頭

這款已經削好皮的真空包裝芋頭，打開只須清洗就可以料理，

也不用擔心手會有過敏發癢的狀況，實在很貼心。

自己在家試看看吧，配上熱熱的紅豆湯或是冰牛奶都超級好吃！

| | ½份醣份22.1g | ½份熱量106cal | 膳食纖維 | 蛋白質 | 脂肪 |
|---|---|---|---|---|---|
| 1人份量 122.5g | 總醣份44.1g | 總熱量212cal | 2.3g | 2.5g | 1.1g |

## 食材（4人份）

水350g

芋頭400g

冰糖80g

白蘭地10g

## 作法

1. 將芋頭包裝打開後清洗一下放入鍋內，加入過濾水至與芋頭平行的份量即可（約350g的水）。

2. 將冰糖平均灑在芋頭上，開大火至水沸騰時，蓋上鍋蓋轉文火煮30分鐘（煮15分鐘時可打開鍋蓋將芋頭翻面一次）。

3. 時間到後將鍋蓋打開，均勻的倒入白蘭地，30秒後熄火，再蓋上鍋蓋悶半小時即完成。

4. 煮好的蜜芋頭可以放置密封盒內保存，冷藏保存約5～7天內食用完畢。

1.鍋子最好選擇可以剛好平均放入芋頭的大小，不要留有太多空隙的就好。

2.加入酒是讓芋頭綿密的秘訣，如果要給小朋友吃的話，建議可以在加入酒的時候，將爐火調為中小火，讓酒精揮發掉即可。

3.酒也可以替換成米酒或威士忌，各有不同風味。

# 自製芋圓

如果一次煮了較大量的蜜芋頭，可以拿來做成好吃的芋圓！

做好後只需放入密封盒內，冷凍可保存 3 個月。

將水煮滾，放入要食用的份量，適時攪拌至浮起水面即可享用。

| 1人份量 125g | ¼份醣份14.5g 總醣份58g | ¼份熱量65.3cal 總熱量261.1cal | 膳食纖維 1.9g | 蛋白質 2.1g | 脂肪 0.9g |
| --- | --- | --- | --- | --- | --- |

## 食材（4 人份）

煮好的蜜芋頭400g

樹薯粉100g

## 料理方式

1. 將蜜芋頭放置碗盤內，倒入一半的樹薯粉。

2. 將蜜芋頭和樹薯粉混合。

3. 分次的加入樹薯粉直到可以成型。

4. 將可捏成形的芋頭糰放置在砧板上，捏成長條狀，再分切為小塊（旁邊可準備一碗樹薯粉，若太黏手時可備用）。

5. 做好的芋圓裹上些許樹薯粉可防止沾黏在一起，放入密封盒中冷凍保存。

1.使用太白粉、地瓜粉、糯米粉一樣能成型，做出來的口感會因人而異，都可以嘗試看看找
　到自己最喜歡的方式。

2.也可以同時準備地瓜泥做成地瓜芋圓，而地瓜本身的甜度不需另外加糖，只需將地瓜蒸熟
　壓成泥即可。

Chapter5

# 麵包與貝果、起司好食

# 麵包與貝果

　　Costco的麵包製品非常多樣化，除了常見的吐司外，還有在麥當勞早餐可買到的馬芬堡、人氣商品貝果、大小可頌、小圓麵包、法式鄉村麵包、墨西哥餅皮、Pita餅、季節性甜點、餅乾、客製化蛋糕，應有盡有，價錢更是划算！但是麵包類製品的保存期限都只有2天，對於小家庭來說，實在很難下手！該如何保存呢？

　　除了Costco自製甜點、餅乾、蛋糕類，需在保存期限2日內食用完畢外，其他像是基礎類型的麵包，例如：吐司、貝果、可頌、小圓麵包（無調理過的麵包），皆可適量分裝密封好放置冷凍保存2個星期，且不要和生肉品、海鮮類存放一起，避免麵包吸到異味。生、熟食建議分開冷凍保存，也才不會有食安上的疑慮。

法式檸檬乳酪可鬆
**299**元/盒裝

法式迷你鳳梨酥
**299**元/盒裝

波蘿奶油泡芙
**349**元/盒裝

法國迷你可鬆
**198**元/盒裝

法國可鬆
**198**元/盒裝

柑橘瑪德蓮
**349**元/盒裝

餐包
**99**元/袋裝

義美馬芬堡
**89**元/袋裝

維也納牛奶餐包
**159**元/盒裝

## *1* 冷藏保存

冷藏保存建議2日內食用完,原因在於麵粉類製品的澱粉質在2日就會老化(包含製作當天),而放置冷藏時間越久,麵包就會越乾。要回烤前,可先將麵包由冷藏取出,放置約15～20分鐘退冰,再利用噴水器在麵包上噴點水,送入小烤箱烤3～5分鐘即可(視麵包種類)。

## *2* 冷凍保存

麵包類入冰箱冷凍低溫保存0度以下,就能減緩澱粉老化的問題,可適量分裝,要食用前可先將麵包從冰箱冷凍取出,放置室溫退冰,一樣在表面噴水再放入烤箱內烘烤即可(視麵包種類)。

### 美味關鍵

冷凍後的麵包可放於室溫自然解凍,或直接設定烤箱溫度110度,在麵包表面噴水後,直接放進烤箱烘烤10分鐘即可享用。

核桃葡萄麵包
**149**元/2入

# 草莓果醬佐花生醬貝果

這是我最喜歡的搭配組合，早上有時候來不及吃早餐，

草莓果醬和花生醬抹一抹，超快速又美味，

再配上一杯熱的黑咖啡，足以讓我忘卻煩惱，你一定要試試看！

| 1人份量 | ¼份醣份21.2g | ¼份熱量184.9cal | 膳食纖維 | 蛋白質 | 脂肪 |
|---|---|---|---|---|---|
| 210g | 總醣份84.8g | 總熱量739.4cal | 10.6g | 23.2g | 29.4g |

## 食材（1人份）

原味貝果1個

花生醬50g

草莓醬50g

## 作法

1. 將冷凍室中的貝果取出稍微退冰後，對半切開，噴點水。

2. 放入烤箱烤至酥脆。

3. 取一半貝果抹上滿滿的草莓果醬，另一半貝果抹上滿滿的花生醬。

4. 對蓋起來即可享用。

Tips

1.麵包類製品放在冷藏室保存都會使麵包水份流失，盡早食用完畢才能享有最佳口感。

2.若是沒有其他添加肉品或口味的麵包類，建議可以直接入冷凍室保存，取出時只需噴點水，就能擁有剛出爐的口感！

# 火腿酪梨貝果

貝果製作方式並不像一般甜麵包或吐司需加入奶油及雞蛋，所以來得更健康！

製作過程使用熱水煮過才進烤箱烘焙而成的貝果，會比一般麵包來得更有嚼勁。

加了火腿和酪梨的貝果，配上Havarti起司及酪梨油檸檬蒜味沙拉醬，風味很獨特！

| 1人份量 390g | ¼份醣份18.6g 總醣份74.3g | ¼份熱量175.5cal 總熱量701.8cal | 膳食纖維 9.7g | 蛋白質 18.5g | 脂肪 32.7g |
|---|---|---|---|---|---|

## 食材（1人份）

原味貝果1個

酪梨半顆（切片）

Havarti起司1片

火腿1片

酪梨油檸檬蒜味沙拉醬1大匙

現磨黑胡椒適量

生菜25g

## 作法

1. 貝果對半切開，在表面噴點水再入烤箱烘烤，就會有剛出爐的感覺。

2. 入烤箱烘烤至自己喜歡的焦度。

3. 將火腿煎熟。

4. 火腿煎熟後熄火，放上Havarti起司（此時起司就會融化）。

5. 將火腿及起司放在一半貝果上，另一半貝果放上生菜，再放切片的酪梨，淋上酪梨油檸檬蒜味沙拉醬，再撒上現磨黑胡椒即完成。

\ | /
Tips

Havarti起司味道不會太重，容易融化，非常適合加在吐司及麵包中。酪梨油檸檬蒜味沙拉醬除了可以當生菜沙拉的佐醬外，也能拿來做醃製肉品的醬料，加在貝果裡也很好吃！

# 香蕉巧克力榛果可頌

第一次認識Nutella榛果可可醬，是在法國時看到朋友拿著湯匙挖來吃，

心想也太誇張了吧！竟然直接在吃巧克力醬嗎？

試了之後我才知道原來這世界上有這麼好吃的榛果可可醬！

如果想偶爾放縱自己一下，不妨配上可頌麵包，夾著滿滿的Nutella，

再放上香蕉片，這邪惡的滋味絕對值得！

| 1人份量 173g | ½份醣份28.8g 總醣份57.5g | ½份熱量218cal 總熱量436cal | 膳食纖維 2.8g | 蛋白質 6.5g | 脂肪 20g |
| --- | --- | --- | --- | --- | --- |

## ∽ 食材（1人份）

可頌麵包1個

Nutella份量請依個人喜好決定

香蕉1根（切片）

## ∽ 作法

1. 將可頌對半切開，表面噴點水，再入烤箱烘烤一下。

2. 在烤好的可頌上抹上滿滿的Nutella榛果可可醬。

3. 將香蕉放上一半的可頌上，再闔上另一半可頌即可享用。

Tips

Nutella榛果可可醬放陰涼處保存即可，不用放冷藏。

# 薯泥可頌

吃不完的薯泥做成可樂餅外，拿來當早餐的餡料最好不過了！

薯泥裡面可添加各式對小朋友有營養的蔬菜，

而小孩不知不覺的吃下肚就是媽媽最滿心歡喜的事了！

| 1人份量 178g | ½份醣份18.5g 總醣份37g | ½份熱量206cal 總熱量412cal | 膳食纖維 2.8g | 蛋白質 6.4g | 脂肪 25.3g |

## 食材（1人份）

可頌1個

煮好的薯泥50g

水煮胡蘿蔔10g（切碎）

美奶滋15g

生菜25g

蕃茄2片（切片）

## 作法

1. 將胡蘿蔔與美奶滋、薯泥攪拌均勻。

2. 將可頌對半切開，在烤好的可頌上放上生菜、蕃茄片，再放上薯泥。

3. 將另一半可頌蓋起來即完成。

Tips

1.做好要馬上食用，以免美奶滋變質，可頌軟掉會影響口感。

2.可頌麵包可放冷凍室保存1個月。

# 起司

　　我最喜歡在Costco買起司等奶製品了，因為種類齊全，價格實在！像是本書食譜所使用到的酸鮮奶油（Sour Cream）和瑪斯卡邦乳酪（Mascarpone），在市面上只能在限定的一些超市買到，價格更是Costco的雙倍，是有在吃生酮飲食的人最好的選擇！Costco的無鹽奶油也是CP值超高，如果有在做烘焙的人，只要不是特定甜點的需求，Costco的無鹽奶油用在料理中真的很划算！

　　這裡我們介紹一些在本書中所使用到的Costco起司奶製品，讓大家在購買上能夠更得心應手！

## 酸鮮奶油

　　適合應用在任何料理中，質地介於優格與鮮奶油之間，較鮮奶油口感微酸，搭配魚料理，或做成沾醬、烘焙都很適用，也是生酮飲食的好選擇。請冷藏保存，並於開封後的期限內使用完畢。

SOUR CREAM **299**元/盒裝

## 摩佐羅拉乾酪切片

　　摩佐羅拉乾酪切片可適用於烘烤Pizza時放在上面，或直接搭配蕃茄與新鮮蘿勒葉，淋上橄欖油與巴薩米克醋一同食用，也可放在沙拉內，Costco目前這款已是切好片的，非常方便！請冷藏保存，並於開封後的期限內使用完畢。

BELGIOIOSO MOZZARELLA **345**元/盒裝

## 布里乾酪

布里乾酪可直接搭配麵包食用，口感柔順奶味濃郁，使用在濃湯或義大利麵上都很適合；也可耐高溫烘烤，是鹹派或Party料理上的好食材。請冷藏保存，並於一星期內使用完畢。

PERE TOINOU BRIE **185**元/盒裝

## 鮮奶油

鮮奶油除了運用在烘焙上，還可在一般料理中，實用性很高！注意開封後只能存放冰箱3天，如果沒用完的話可冷凍保存，但之後只能使用在一般製作義大利麵或濃湯等料理中，不適合再拿來運用在烘焙所需的打發鮮奶油。

WHIPPING CREAM **165**元/瓶裝

## 傳統香草油漬費塔乾酪

傳統香草油漬費塔乾酪是希臘知名的起司，含羊奶成分，由於本身鹹度較高，適合直接拌在沙拉中食用，或可當開胃菜，搭配紅白酒一同享用；與義大利麵混合做成冷麵沙拉，風味也非常好吃！請密封好送入冰箱冷藏保存，於保存期限內食用完畢。

ARLA FETA APETINA IN OIL **355**元/盒裝

## 瑪斯卡邦乳酪

　　瑪斯卡邦乳酪的口感柔順，質地純白綿密，能與甜鹹的食材搭配，風味絕佳，是義大利提拉米蘇中不可或缺的重要主角。或是可以拿來製作抹醬，混合青醬塗抹在法國長棍上烘烤；或像一般人不敢吃的Blue Cheese，也可和瑪斯卡邦乳酪混合，滋味非常好呢！或是添加核果與葡萄乾類，放置冰箱一晚，讓瑪斯卡邦乳酪吸取核果香氣後，做為小點的佐料抹醬，都非常迷人！請密封好送入冰箱冷藏保存，於保存期限內食用完畢。

ZANETTI MASCARPONE
**195**元/盒裝

## 哈伐第切片乾酪

　　哈伐第切片乾酪是夾在三明治中最搭的萬用起司，口感有濃郁的奶香，但卻是風味非常溫和的起司，放入烤箱又容易融化，可與吐司一起烘烤。在內包裝裡，每片起司間都有一張烘焙紙隔著，可以在購買回來時，先適量分裝入密封袋中，標註食材名稱、日期，再放進冷凍保存，吃完再從冷凍庫中取一包移至冷藏區保存，就不會有發霉的問題。

ARLA HAVARTI DELI-SLICES
**289**元/盒裝

## 帕瑪森起司

　　帕瑪森起司是在料理中很常見的起司種類,屬於硬質乾酪,現磨灑在義大利麵或生菜沙拉裡,都能讓平凡的食物提升美味。建議可以買整塊的帕瑪森起司,不僅風味比已磨好的罐裝帕瑪森起司來得好,用途可以更廣泛!只要在購買後使用消毒過的刀具,分切下來為一星期會使用到的量,用保鮮膜包好放入密封袋中,標註食材名稱、日期,送入冰箱冷凍保存,食用完一份,再從冷凍庫中取出一份放入冷藏區,並於一星期內用完,不要碰到水氣就不會變質。

KIRKLAND SIGNATURE REGG
**869**元/1kg

KIRKLAND SIGNATURE PARMIGIANO REGGIANO
**459**元/罐裝

## 哈羅米乾酪

　　哈羅米乾酪是一款羊乳+牛乳而製成的乾酪,在印度及歐洲都可在料理中常見到。起司質地耐熱偏鹹,非常適合在食用前將哈羅米乾酪用平底鍋乾煎至兩面金黃後,再與橄欖、臘腸搭配著成為小點,不論是拌在沙拉中,或是與Pizza一同烘烤都有獨特的風味,也是一款我家冰箱中的常備起司!請密封好送入冰箱冷藏保存,於保存期限內食用完畢。

HALLOUMI PITTAS
**275**元/盒裝

生酮
可食

# 核桃楓糖烤布里乾酪

常常買一塊布里乾酪、一根法國長棍麵包、一瓶紅酒，就可在草地上野餐！

搭配核桃及楓糖漿，加上水果，在法國也能做為Party的小點或餐後的甜點。

建議可以直接裹著水果享用，或是長棍麵包及蘇打餅乾都是絕佳的選擇！

## 食材（2人份）

布里乾酪1塊

核桃20g

楓糖漿15g（生酮飲食請改用無糖楓糖漿）

## 作法

1. 取一張烘焙紙放在烤盤上，將布里乾酪放置中間。

2. 將楓糖漿倒在布里乾酪上。

3. 將碎核桃均勻的灑在上面。

4. 烤箱預熱190度10分鐘，烘烤10分鐘即可。

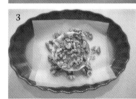

| 1人份量 | 總醣份 | 總熱量 | 膳食纖維 | 蛋白質 | 脂肪 |
|---|---|---|---|---|---|
| 80g | 5.6g | 267.4cal | 0.7g | 14.2g | 21.4g |

## Tips

可使用蜂蜜替代楓糖漿，生酮飲食的人只需換成無糖蜂蜜或無糖楓糖漿即可。

生酮版營養成分

| 1人份量 | 總醣份 | 總熱量 | 膳食纖維 | 蛋白質 | 脂肪 |
|---|---|---|---|---|---|
| 80g | 0.7g | 248.3cal | 0.7g | 14.2g | 21.4g |

# 派對布里

布里乾酪的用途真的很廣泛，由於本身的奶味十分濃郁，

又沒有亞洲人所不喜歡的刺鼻起司味，與鹹派、義大利麵都很搭。

運用隨手可買的酥皮，料理成點心，或外帶野餐都很適合！

| 總份量 | 總醣份 | 總熱量 | 膳食纖維 | 蛋白質 | 脂肪 |
|---|---|---|---|---|---|
| 216g | 25.6g | 770.4cal | 1g | 28g | 61.7g |

## ❧ 食材（2 人份）

法國貝樂布里乾酪1盒

培根4片

市售酥皮4片

新鮮迷迭香少許

奇亞籽3g

現磨黑胡椒少許

全蛋液少許

## ❧ 作法

1. 將4片酥皮組合成為一個大的正方形，將布里乾酪打開包裝後，放置酥皮的正中央。

2. 將培根對切一半，平均的放在布里乾酪的周圍，並拿小刀從培根與培根的中間酥皮劃一刀。

3. 再將酥皮包起培根開始捲起至布里乾酪中間。

4. 使用小刀在布里乾酪上方劃井，再將新鮮迷迭香平均插入交叉點，在酥皮上塗上蛋液，並灑上現磨黑胡椒及奇亞籽，放入已預熱180度10分鐘的烤箱中烘烤17分鐘即可享用。

# 摩佐羅拉乾酪佐蕃茄

生酮
可食

摩佐羅拉乾酪佐蕃茄是道可當為前菜、開胃菜、沙拉的百搭料理，

可任意的再配上嫩波菜，或者是搭配芝麻葉、baby生菜都非常好吃！

也可放在吐司上一起進烤箱烘烤，又或者是放入雞肉烘烤也很美味！

| 總份量 | 總醣份 | 總熱量 | 膳食纖維 | 蛋白質 | 脂肪 |
|---|---|---|---|---|---|
| 211g | 8.4g | 434.5cal | 0.6g | 27.5g | 27.2g |

## 食材（3人份）

摩佐羅拉乾酪1條（453.5g）

蕃茄1顆

巴薩米克醋15g

初榨橄欖油15g

新鮮蘿勒葉適量（切碎）

## 作法

1. 將摩佐羅拉乾酪包裝打開，裡面是已分切好的摩佐羅拉乾酪。

2. 將蕃茄切成與摩佐羅拉乾酪差不多的厚度大小。

3. 將切片的蕃茄與摩佐羅拉乾酪一片片交互相放，上桌時淋上初榨橄欖油及巴薩米克醋，再撒上切碎的蘿勒葉即可享用。

## Tips

1.Costco現在販售的摩佐羅拉乾酪是已經切片好的包裝，厚度勻稱，打開就能立即使用，非常方便！
2.新鮮蘿勒葉也可使用整片的，視個人需求及喜好而定。

# feta 起司甜菜根冷麵

甜菜根含有豐富的營養素，而甜菜紅素是天然最好的色素來源，為料理增添美麗的元素。

我喜歡染過甜菜根而呈現漂亮桃紅色的義大利麵，可以嘗試著加進沙拉裡配上羊乳酪，

或是像瑞典人喜歡做成甜菜根冷湯。

## ⁓ 食材（1人份）

甜菜根150g

義大利麵225g（種類可視個人喜好）

Fata起司1盒

巴薩米克醋10g

黑胡椒5g

橄欖油1大匙

鹽1小匙

青蔥少許

## ⁓ 作法

1. 準備一鍋滾水，倒入1大匙橄欖油及1小匙鹽。

2. 倒入義大利麵，煮至九分熟（時間取決於義大利麵的種類，可依包裝上標示）。

3. 開小火，在另一鍋內倒入些許橄欖油（食材外），將甜菜根稍微拌炒一下。

4. 加入義大利麵一直拌炒到完全上色。

5. 熄火，加入黑胡椒一起拌炒均勻後起鍋。

6. 取一大器皿，將染色的甜菜根義大利麵倒入散熱。待稍微冷卻時加入整盒Fata起司及巴薩米克醋，再撒上蔥花即可享用。

| 1人份量 | ¼份醣份21.4g | ¼份熱量231.8cal | 膳食纖維 | 蛋白質 | 脂肪 |
|---|---|---|---|---|---|
| 510g | 總醣份85.5g | 總熱量927.3cal | 7g | 37.8g | 45.9g |

Tips

義大利麵的種類不拘，如果手邊有羊乳酪也可以加一些進去，口感也很好吃！

Chapter6
## 意想不到好食

巴薩米克醋

生酮
可食

# 法式油醋芥茉籽醬

夏天最喜歡吃沙拉了，市售的沙拉醬汁熱量很高，

這款沙拉醬汁傳承於我的法國爸爸，是百搭爽口又健康的醬汁！

只要學會這款沙拉醬汁，基本上什麼沙拉都可以搭配得天衣無縫！

| 總份量 | 總醋份 | 總熱量 | 膳食纖維 | 蛋白質 | 脂肪 |
|---|---|---|---|---|---|
| 75g | 3.7g | 435.4cal | 0g | 1.1g | 46.7g |

## 食材

巴薩米克醋1大匙

法式芥茉籽醬1大匙

初榨橄欖油3大匙

沙拉內容物隨個人喜好加入

## 作法

1. 將巴薩米克醋、法式芥茉籽醬、初榨橄欖油，比例為1:1:3，稍微攪拌。

2. 加入喜歡的沙拉內容物即完成。

　喜歡吃酸的人可多加一點巴薩米克醋。法式芥茉籽醬不是黃芥茉醬。

巴薩米克醋　267

# 巴薩米克醋飲

巴薩米克醋除了拿來料理之外，還可以做成飲料，

淋在冰淇淋上，或是熬煮草莓果醬時加一點，味道的層次立即提升！

分享一款在餐廳喝到覺得不可思議的好喝冰飲，非常適合在炎熱的夏天飲用！

## ∽ 食材（4 人份）

**濃縮巴薩米克醋**

巴薩米克醋50g

蔗糖10g（可用二砂糖替代）

**酒漬蔓越莓**

冷凍蔓越莓100g

XO酒50g

蔗糖30g（可用二砂糖替代）

**飲品**

雪碧100ml

濃縮巴薩米克醋10g

酒漬蔓越莓20g

萊姆皮少許

冰塊50g

## ∽ 作法

1. 將濃縮巴薩米克醋的食材倒入鍋中，開小火攪拌至糖完全溶化，微滾一下快要濃縮時立即關火（差不多1～2分鐘）。

2. 將濃縮巴薩米克醋放置容器中待降溫。

3. 將酒漬蔓越莓的食材倒入鍋中，開中火輕拌至糖溶化（勿壓碎蔓越莓），微滾3分鐘即可熄火。

4. 將酒漬蔓越莓放置已消毒的密封罐中（若沒用完可放冰箱保存3個月）。

5. 在玻璃杯中放入冰塊、蔓越莓、萊姆皮，再倒入一點的濃縮巴薩米克醋，再加入雪碧（巴薩米克醋可以自己斟酌份量）。

| 總份量<br>180g | 總醣份<br>17.6g | 總熱量<br>81.7cal | 膳食纖維<br>0.8g | 蛋白質<br>0g | 脂肪<br>0g |
|---|---|---|---|---|---|

Tips

1.在熬煮濃縮巴薩米克醋的時間不宜太久，不然變冷時會凝固無法流動。

2.在切萊姆皮時勿削到白肉部分，不然會有微苦口感。

# 奇亞籽檸檬健康飲

生酮可食

奇亞籽又稱為鼠尾草籽，在歐美有許多明星拿來當作維持身材的好幫手！

奇亞籽並不具有減肥的療效，但是因為能為身體帶來充分的飽足感，

所以當然就不會吃太多東西。有時我在晚餐喝一杯奇亞籽檸檬健康飲，

隔天早上起床不僅排便順暢，晚餐不多吃真的會感覺比較輕盈呢！

| | 總醣份 | 總熱量 | 膳食纖維 | 蛋白質 | 脂肪 |
|---|---|---|---|---|---|
| 1人份量<br>782.5g | 13.6g | 89cal | 3g | 1.4g | 2.1g |

## ⁀ 食材（2人份）

奇亞籽15g

蜂蜜檸檬50g（生酮飲食請改用蜂蜜代糖）

水1500ml

## ⁀ 作法

1. 將奇亞籽先倒入杯中，注入少許溫熱水讓它膨脹。

2. 大約3分鐘就可以看到奇亞籽已變得濃稠。

3. 取一玻璃瓶，注入蜂蜜檸檬水，並加入已膨脹的奇亞籽。

4. 搖晃均勻即可飲用。

Tips

1. 建議一天不要食用超過15g的奇亞籽，食用時切記要喝大量的水，不然身體反而會造成腹脹或腸阻塞的危險。

2. 奇亞籽很像台灣的山粉圓，喝的時候還可以咬來咬去。奇亞籽水不一定要喝冰的，溫溫的喝也好喝！

生酮版營養成分

| 1人份量 | 總醣份 | 總熱量 | 膳食纖維 | 蛋白質 | 脂肪 |
| --- | --- | --- | --- | --- | --- |
| 782.5g | 1.2g | 40.3cal | 3g | 1.4g | 2.1g |

# 奇亞籽布丁

生酮
可食

奇亞籽布丁在國外很受歡迎，畢竟低熱量又是解饞的超級食物。

內容物可以依照個人喜愛改為豆漿、椰奶、巧克力牛奶，

也可加入新鮮水果或是核桃類都很對味，

快來發揮想像力為自己製作一杯獨一無二的奇亞籽布丁。

| 1人份量 120g | 總醣份 6.4g | 總熱量 121.4cal | 膳食纖維 3.8g | 蛋白質 5.2g | 脂肪 6.7g |
|---|---|---|---|---|---|

## 食材（3 人份）

布丁杯3個

奇亞籽30g

牛奶300g（生酮飲食請改用杏仁奶）

無糖優格30g

果醬適量（生酮飲食可選擇無糖果醬）

## 作法

1. 先取100g牛奶微波加熱至溫熱，即可倒入奇亞籽攪拌使其膨脹。

2. 將剩下的冰牛奶倒入步驟1攪拌均勻後，倒進布丁杯中，放置冷藏室8小時以上。

3. 在奇亞籽布丁表面放上無糖優格及果醬裝飾即可。

## Tips

1.不論用什麼飲品製作奇亞籽布丁，先將液體加熱後使奇亞籽泡開，會讓後續作業中比較容易凝固，而不用加更多的奇亞籽份量。

生酮版營養成分

| 1人份量<br>120g | 總醣份 | 總熱量 | 膳食纖維 | 蛋白質 | 脂肪 |
|---|---|---|---|---|---|
| | 1.9g | 75.4cal | 4.1g | 2.8g | 4.1g |

# 奇亞籽優格水果早餐

如果習慣在家吃早餐，不妨撒上一些奇亞籽來增添飽足感，

搭配任何喜歡的水果及無糖優格，只要食用後喝大量的水，

不僅能增加身體代謝，也不用擔心有腹脹問題產生。

| 1人份量 | ¼份醣份17.1g | ¼份熱量109.7cal | 膳食纖維 | 蛋白質 | 脂肪 |
|---|---|---|---|---|---|
| 435g | 總醣份68.2g | 總熱量438.6cal | 14.2g | 11.3g | 9g |

## 食材（1人份）

喜歡的水果300g

無糖優格80g

奇亞籽5g

早餐穀片50g

## 作法

1. 準備自己喜歡的水果切好，在碗盤中放入優格、水果、早餐穀片。

2. 撒上奇亞籽即可享用。

## Tips

奇亞籽不用清洗，可以直接食用，撒在早餐優格上如同撒芝麻般，只要食用後飲用大量的水就能提升飽足感，並不會有腹脹問題。

低醣版營養成分

| 1人份量 | 總醣份 | 總熱量 | 膳食纖維 | 蛋白質 | 脂肪 | |
|---|---|---|---|---|---|---|
| 435g | 23g | 291.9cal | 15.1g | 8.7g | 13.1g | （穀片以優格取代，其中150g水果為酪梨） |

# Roots beer 冰淇淋

經典的美國A&W Roots beer，和台灣的麥根沙士相較，有些人或許會覺得偏甜，

但對留學在外的人來說，就像是在國外看到台灣的津津蘆筍汁一樣興奮呢！

配上冰淇淋是經典吃法，不妨試試！

| 1人份量 | ½份醣份23.3g | ½份熱量159.1cal | 膳食纖維 | 蛋白質 | 脂肪 |
|---|---|---|---|---|---|
| 415g | 總醣份46.5g | 總熱量318.2cal | 0g | 3.4g | 7.7g |

## 食材（1人份）

冰過的Roots beer 1瓶

香草冰淇淋1球

已冷凍的杯子

## 作法

1. 將已冷凍的杯子從冰庫取出，倒入冰的Roots beer約八分滿。

2. 再放上一球香草冰淇淋即可享用。

Tips

建議使用已冰凍過的杯子來盛裝，不僅可以保持冷度，也能讓冰淇淋不會那麼快融化。

# 紅酒燉洋梨

買回來的西洋梨吃不完怎麼辦？

如果手邊有未喝完的紅酒，也可變身法國餐廳裡的甜點喔！

紅酒燉洋梨在法國人的甜點中是屬於一道簡單好上手的料理，

我喜歡配上香草冰淇淋一起吃，你也可試看看！

| 1人份量 290g | ½份醣份25.9g 總醣份51.7g | ½份熱量129.7cal 總熱量259.3cal | 膳食纖維 6g | 蛋白質 0.8g | 脂肪 0.6g |
| --- | --- | --- | --- | --- | --- |

## 食材（4人份）

西洋梨4顆（顏色不拘）

柳橙半顆

黃檸檬皮（可省略）

普通紅酒400ml

紅糖30g

白糖30g

肉桂棒2根

丁香4粒

八角2個

柳橙皮1片（可省略）

用過籽剩下的香草莢半根（可省略）

鹽之花⅛茶匙（可省略）

## 作法

1. 將紅酒倒入鍋內，放入肉桂棒、丁香、八角、香草莢半根、半顆柳橙汁，加些許柳橙皮、黃檸檬皮、糖，小火加熱約5分鐘。

2. 在煮紅酒的同時，將西洋梨去皮（留梗）放入鍋內，用文火燉煮約10分鐘直至單面已上色。

3. 將西洋梨翻面，加入鹽之花，繼續燉煮約10分鐘，確認整個西洋梨已完全上色並稍微變小即可盛盤。

4. 將鍋內剩下的紅酒開中火煮至濃縮當淋醬，上桌時可搭配冰淇淋，再加上淋醬就能享用。

Tips

1. 柳橙及黃檸檬在削皮屑時，注意不要削到白色的部份，以避免苦味產生，酒只要選擇普通一般會購買的酒即可。

2. 這邊烹調洋梨的紅酒，基本上在煮的時候酒精濃度已揮發。用過籽剩下的香草莢半根可增添香氣，橘皮與鹽之花可帶來一點味蕾上的層次。

# 法式熱紅酒

第一次喝到法式熱紅酒時，是在法國東部史特拉斯堡的聖誕市集。

在冷冷的天氣裡，當下喝到這杯充滿香料及柑橘氣息的熱紅酒，再美好不過了！

而且整個身子都會暖和起來！相同的紅酒燉洋梨的食材，可以同時做熱紅酒。

| 1人份量 114g | 50g醣份11.5g 總醣份26.3g | 50g熱量59.9cal 總熱量136.5cal | 膳食纖維 1.4g | 蛋白質 0.3g | 脂肪 0.1g |
|---|---|---|---|---|---|

## 食材（5 人份）

普通紅酒400ml

糖60g（紅糖、白糖、蔗糖、黑糖都可以，生酮飲食可使用生酮專業用糖，例如赤藻糖醇）

丁香4粒

肉桂棒2根

八角2個

柳橙半顆（生酮飲食請省略）

蘋果¼顆（生酮飲食請省略）

紅石榴籽適量

黃檸檬皮（可省略）

柳橙皮1片（可省略）

用過籽剩下的香草莢半根（可省略）

鹽之花⅛茶匙（可省略）

## 料理方式

1. 將紅酒倒入鍋內，放入肉桂棒、丁香、八角、香草莢半根、半顆柳橙汁，加些許柳橙皮、黃檸檬皮、糖，用小火加熱。

2. 將切塊的蘋果、切塊的柳橙果肉半顆、紅石榴籽加入一起燉煮約 3 分鐘即可飲用。

Tips

1. 紅酒燉洋梨與法式熱紅酒可以先後進行烹煮,食材的部份只有在水果的差別而已。

2. 在國外每一家販售的法式熱紅酒都有其特色,你也可以嘗試看看調配出自己喜歡的口感。

生酮版營養成分

| 1人份量 | 50g醣份12.7g | 50g熱量42.7cal | 膳食纖維 | 蛋白質 | 脂肪 |
|---|---|---|---|---|---|
| 96g | 總醣份24.4g | 總熱量82cal | 1.1g | 0.2g | 0.1g |

瑪斯卡邦

# 藍莓克拉芙緹

生酮可食

Clafoutis藍莓克拉芙緹是道地的法國家庭式甜點，號稱剛睡醒都能做得出來！

Clafoutis源自法國Limousin利繆贊的傳統甜點，會以當地所盛產的陶皿烘烤，

這樣的受熱效果才不會太直接，所以烤出來的質地會較鬆軟綿密，

也是一道可以和小朋友一起完成的家庭烘焙喔～～

| 1人份量<br>80g | 總醣份<br>16.3g | 總熱量<br>122.6cal | 膳食纖維<br>1.1g | 蛋白質<br>3.7g | 脂肪<br>8.1g |
| --- | --- | --- | --- | --- | --- |

## 食材（4人份）

冷凍藍莓100g

杏仁粉40g

無鹽奶油10g

赤藻糖醇30g

牛奶40g

酸奶40g

全蛋1顆

## 作法

1. 先將軟化的奶油攪拌均勻。

2. 加入全蛋、牛奶、酸奶、赤藻糖醇一起攪拌均勻。

3. 加入杏仁粉攪拌至看不到粉末。

4. 加入冷凍藍莓攪拌一下，放入已預熱180度10分鐘的烤箱中烘烤30分鐘即可。

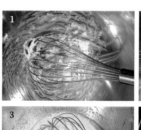

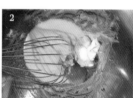

烘烤出來的克拉芙緹會有點內縮是正常的。只要使用打蛋器就可以快速完成，不需要電動攪拌器。

# 提拉米蘇

義大利知名的Tiramisu，據説是在戰爭期間一名妻子為了先生必須赴戰，

隨手取得家中僅有的食材而做的愛心甜點，也意指「帶我走」的心意。

正統的提拉米蘇會使用生蛋，這裡因食安考量所以省略。

生酮的提拉米蘇吃起來口感會較輕盈，但一樣美味！

## 食材（4 人份）

瑪斯卡邦250g

鮮奶油100ml

香草精10g

白蘭地50g

赤藻糖醇50g

濃縮黑咖啡50ml

貝里詩利口酒5g

無糖可可粉10g

手指餅乾8條（一條5g）

## 作法

1. 使用電動攪拌器將鮮奶油打至起泡後，加入一半的赤藻糖醇打至出現紋路，再倒入剩下的赤藻糖醇，打至拉起來會出現小彎鉤即可。

2. 將瑪斯卡邦攪拌至柔順。

3. 將打好的鮮奶油與瑪斯卡邦、香草精、白蘭地一起攪拌至均勻。

4. 準備兩個器皿，一個裡面放置冰的濃縮咖啡與貝里詩利口酒，將手指餅乾浸沾一面就放入另一個做提拉米蘇的器皿中（沒沾的那面朝下）。

5. 倒入一半的瑪斯卡邦，再重複一次動作放入手指餅乾，再將剩下的瑪斯卡邦全部倒入。

6. 使用刮刀將瑪斯卡邦表面抹勻，放入冷藏4小時後，要食用前再灑上可可粉。

| 1人份量<br>141.3g | 50g醣份8.2g<br>總醣份23.2g | 50g熱量138.7cal<br>總熱量392.1cal | 膳食纖維<br>0.7g | 蛋白質<br>4.4g | 脂肪<br>33g |
| --- | --- | --- | --- | --- | --- |

Tips

1.如果不想做手指餅乾，可用市售的手指餅乾取代，生酮飲食不要吃餅乾部份。

2.如果要用雞尾酒杯來製作的話，鮮奶油的部份可打至濃稠，放入冰箱冷藏1小時後即可享
用。酒的含量很低，可視個人情況增減5c.c.。

生酮
可食

# 手指餅乾

小朋友吃生酮版的手指餅乾也很好，食材單純簡單，做起來也快速，
可以和孩子一同完成，會讓孩子有很大的成就感喔！

總份量
100g

| 50g醣份21.5g 總醣份42.6g | 50g熱量122.1cal 總熱量244.1cal | 膳食纖維 1.5g | 蛋白質 10.2g | 脂肪 16.9g |
|---|---|---|---|---|

## 食材

蛋1顆
赤藻糖醇30g
杏仁粉30g

## 料理方式

1. 將蛋黃與蛋白分開，注意蛋白不可碰到任何蛋黃。

2. 將蛋白加入赤藻糖醇打至硬性發泡（蛋白拉起尾端呈現尖挺狀）。

3. 加入蛋黃混合打至均勻。

4. 加入杏仁粉，使用刮刀輕盈的拌至看不見粉狀。

5. 將麵糊倒入擠花袋中，於尾端剪一小口以利擠出。

6. 將麵糊擠在烘焙紙上成長條狀（盡量擠高，以避免烘烤時過度平扁）。放入已預熱烤箱160度10分鐘，烘烤12分鐘左右即可。

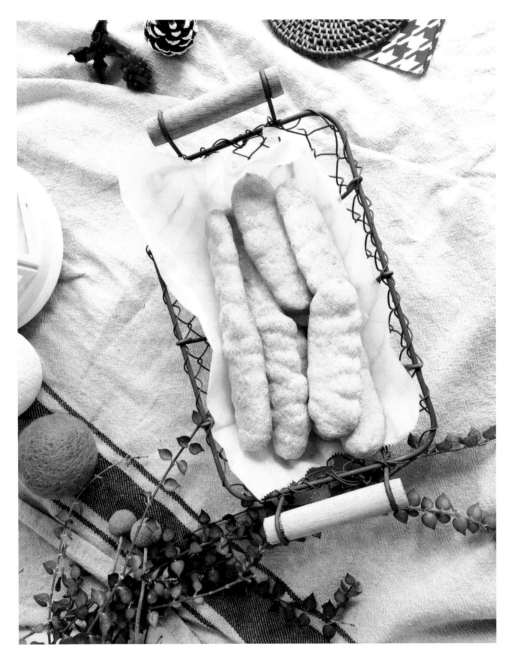

Tips

1.蛋白一定要打發至硬性發泡才能支撐起來，才不會在烘烤時因為熱度而使得過度平扁。

2.放入杏仁粉盡量輕盈的拌勻，避免蛋白過度消泡。自己做的生酮版手指餅乾會沒有市售的
　來得硬脆，不建議烘焙成蛋糕，最適合直接食用或做成雞尾酒杯的提拉米蘇。

2AB857

# Costco
## 減醣好食提案 生酮飲食也OK！
### 超人氣精選食譜的分裝、保存、料理100+
### 【附一次購物邀請證】

國家圖書館出版品預行編目 (CIP) 資料

Costco 減醣好食提案：生酮飲食也 OK！超人
氣精選食譜的分裝、保存、料理 100+【附一次
購物邀請證】/ 哈雪了 . -- 初版 . -- 臺北市：創意
市集出版：城邦文化發行, 民 108.06
　面；　公分

ISBN 978-957-9199-54-4( 平裝 )

1. 食譜 2. 食品保存

427.1　　　　　　　　　　　　　108006889

| | |
|---|---|
| 作　　　　者 | 哈雪了 |
| 專 業 審 訂 | 陳小薇 |
| 責 任 編 輯 | 李素卿 |
| 主　　　編 | 溫淑閔 |
| 版 面 構 成 | 江麗姿 |
| 封 面 設 計 | 走路花工作室 |
| 行 銷 專 員 | 辛政遠、楊惠潔 |
| 總 編 輯 | 姚蜀芸 |
| 副 社 長 | 黃錫鉉 |
| 總 經 理 | 吳濱伶 |
| 發 行 人 | 何飛鵬 |
| 出 版 | 創意市集 |
| 發 行 | 城邦文化事業股份有限公司 |
| | 歡迎光臨城邦讀書花園 |
| | 網址：www.cite.com.tw |

香港發行所　城邦（香港）出版集團有限公司
香港灣仔駱克道193 號東超商業中心1樓
電話：(852) 25086231
傳真：(852) 25789337
E-mail：hkcite@biznetvigator.com

馬新發行所　城邦( 馬新) 出版集團
Cite (M) SdnBhd 41, JalanRadinAnum,
Bandar Baru Sri Petaling,57000 Kuala
Lumpur,Malaysia.
電話：(603) 90578822
傳真：(603) 90576622
E-mail：cite@cite.com.my

印　　刷　凱林彩印股份有限公司
初 版 8 刷　2024年（民113）2 月 Printed in Taiwan
定　　價　420元

客戶服務中心
地址：10483台北市中山區民生東路二段141 號B1
服務電話：（02）2500-7718、（02）2500-7719
24 小時傳真專線：（02）2500-1990 ～ 3
服務時間：週一至週五9：30 ～ 18：00
E-mail：service@readingclub.com.tw

※詢問書籍問題前，請註明您所購買的書名及書號，以及在哪一頁有問題，以便我們能加快處理速度為您服務。
※我們的回答範圍，恕僅限書籍本身問題及內容撰寫不清楚的地方，關於軟體、硬體本身的問題及衍生的操作
狀況，請向原廠商洽詢處理。
※廠商合作、作者投稿、讀者意見回饋，請至：
FB粉絲團 · http://www.facebook.com/InnoFair
Email信箱 · ifbook@hmg.com.tw